岁月留痕

JINDONGNANSHUIWENLIUSHINIAN

晋东南水文六十年

◎主编 李爱民 晋义钢

山西出版传媒集团

山西人民出版社

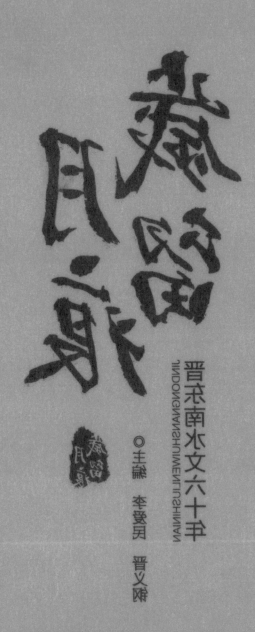

藏在民间

晋南水文六十年

JINDIAN ZAI MINJIAN JINNAN SHUIWEN LIUSHINIAN

○主编 李爱男 晋义斌

山西出版传媒集团
山西人民出版社

《岁月留痕——晋东南水文60年》

编撰委员会

主　任　李爱民

副主任　王保云　药世文　王江奕　牛二伟

委　员　晋义钢　杨建伟　李先平　于焕民

　　　　霍新生　秦福清　王江平　崔和润

　　　　申天平　张建安　杨文军　程丽平

主　编　李爱民　晋义钢

编　辑　杨建伟　郭　宁　牛二伟　任焕莲

审　校　药世文　梁述杰　秦晋宁　武子明

2000 年 6 月 19 日,时任山西省水利厅厅长李英明、副厅长菅二栓在分局水质分析室视察。

2000 年 6 月 6 日,时任长治市委书记吕日周在分局水情值班室视察。

1991 年 5 月 22 日,时任晋城市市长马巧珍在分局视察。

2004 年 6 月 6 日,时任黄委会水文局局长牛玉国、省水文局局长狄丕勋在油房水文站视察。

2010 年 6 月 18 日,时任水利厅副厅长裴群、市水利局局长关小平在分局视察工作。

2007 年 8 月 20 日,时任长治市副市长、市防汛抗旱指挥部总指挥许霞在分局水质分析室视察。

1993年2月23日,时任中国水利电力企业管理协会水文分会会长胡宗培和时任省水文总站站长张履声,在分站视察综合经营工作时与干部职工座谈。

1995年4月9日,时任水利部水文司副司长刘雅鸣(左五)、省水文总站党委书记王振森(左六),在视察分站站队结合基地建设时与分站领导及施工人员合影。

2006年6月,黄委会水文局副局长谷源泽(左三)一行在孔家坡水文站考察。

2005年4月26日,省水利厅副厅长张健(右五)、时任省水文局局长狄丕勋(右六)与参加全省水文工作会议的同志在孔家坡水文站观摩。

2005年1月23日,时任省水文局党委书记闫珠林及信息中心主任梁述杰一行,在新改造后的北张店站指导工作。

2011年10月25日,沁源县委常委、常务副县长赵永进,在沁源水文站业务办公楼新址调研。

2012年6月23日，省水文局局长宋晋华深入后湾水库水文站检查指导工作。

2010年12月17日，省水文局党委书记卫平在分局化验室指导工作。

2004年5月29日，时任省水文局副局长杨致强在石梁水文站检查测验设施。

2010年10月5日，省水文局副局长韩永章一行在分局指导工作。

2011年12月4日，省水文局副局长郭亚洁一行，在后湾水库水文站指导标准站建设。

2013年5月21日，省水文局纪检委书记王景堂及基建办主任李养龙一行，在石梁站检查指导备汛工作。

2007年4月17日，时任省水文局副局长牛振红、站网处处长赵凯一行，在沁源县拟征业务办公楼新址调研。

1964 年 10 月，分站领导和各测站长在太原小东门省农干校参加全省水文工作会议讨论时留影。图后排左起：罗懋绪、邓一鸣、胡美珍、王增国、王祥、郝富仁；前排左起：张恩荣、邸田珠、范建新、柴集善、陈照发、张德盛（站立者）。

1969 年 12 月 18 日，分站在晋东南地区宾馆举行革命委员会成立和庆祝大会，新当选的革命委员主任罗懋绪同志讲话。

1963 年 4 月，分站原副站长张恩荣（前排左二）在北京水电干校学习时于天安门广场留影。

1981 年 11 月，石梁水文站欢送程岐山、司政明、陈日初荣调留念。

1972 年 5 月，欢送柴集善同志荣调水文总站合影。图后排左起：汤贞木、胡美珍、张富裕、程岐山、苏学江、杨兴斋、武子明、侯二有；前排左起：李斌、张恩荣、柴集善、罗懋绪、范建新。

1964年10月，在全省水文工作会议上，邸田珠（前排右一）、王祥（后排右三）与获先进集体和先进个人代表合影。

1982年2月23日，分站全体干部职工欢送张恩荣、张修立、张林山、苏学江光荣退休留念（注：张修立因故未到）。

局长李爱民现场指导测洪演习（2009）

局长李爱民、副局长王保云与有关同志进行水情会商（2010）。

分局原局长申富生与孔家坡站原站长药世文在沁河源头进行清泉水调查（2006）。

局长李爱民、副局长王江奕在石梁水文站了解汛情，指导测报（2013）。

局长李爱民与石梁站站长申天平签订《工作目标责任书》（2010）

副局长药世文在中小河流监测系统项目建设现场施工（2012）

分站原副站长霍葆贞与技术人员为漳泽水库大坝抢险进行渗漏量和排沙量监测（1990）

沁源县"93804"暴雨洪水发生后，省水文总站和分站派员紧急赶赴孔家坡水文站协助测报。图为1993年8月6日省水文总站副站长郝苗生和分站胡美珍、樊克胜在测验断面运筹洪水测验。

在晋城白水河进行洪水调查（2012）

在武乡蟠洪河进行暴雨洪水调查（原载2010年8月15日《长治日报》）

水质化验室同志在进行水样分析（2011）

局长李爱民在后湾水库水文站指导标准水文站建设（2011）

分局原副局长孙晓秀指导委托观测员进行土壤含水量监测（2009）

施测流量（原载 2011 年 6 月 29 日《上党晚报》）

采集沙样（2009）

精心测量（2004）

调查路上（2009）

分局干部职工为标准站建设竣工的后湾站进行绿化美化（2012）

沁水县委宣传部领导与油房水文站原站长牛二伟为该站悬挂"文明单位"牌匾（2003）

扮靓门庭（2011）

研究工作（2002）

资料整编（2012）

小平板测量（2010）

水准测量（2010）

沙样采集（2010）

流速仪拆卸（2012）

岗前培训（2014）

流量施测（原载 2014 年 4 月 24 日《中国水利报》）

应急演练（2011）

接受指导（2013）

2012 年 6 月 18 日，由省水文局组织测验、缆道、设备等方面资深技术人员，对分局和北京美科华仪科技有限公司共同研制的 YKCL-1 型无线遥控雷达波数字化测流系统进行了技术鉴定。

接受传统教育(2010)

重温入党誓词(2010)

与吕梁分局座谈纯洁性教育(2012)

领导述职述廉(2011)

观看专题片《申纪兰》(2011)

缅怀革命先烈(1991)

红色摇篮合影(2005)

参加普法考试(2010)

宣传《中华人民共和国水文条例》颁布实施(2007)

接受媒体采访(2011)

2012 年 7 月 19 日,局长李爱民在黄河中游吴堡水文站与该站站长和在该站进行测验设施改造的太原理工大学老师交流。

2012 年 5 月 25 日,分局局长李爱民一行在吕梁分局考察

2010 年 11 月,参加晋冀鲁豫边区水文工作座谈会的河北邯郸、山东聊城、河南安阳、濮阳、新乡和分局局长李爱民于山东聊城合影。

2010 年 5 月 22 日,分局原工程师、高平市迪源供水公司经理司政明在分局水质监测中心考察。

2012 年 7 月 23 日,河北省邯郸市水文水资源勘测局局长胡新锁在分局水情值班室考察。

2012 年 11 月 4 日,江苏省无锡市水文分局一行在长治分局考察交流。

2011 年 10 月 22 日局长、总工程师王保云在潞安太阳能科技有限公司生产一线征求技术服务意见。

局长李爱民在 2013 年新春团拜会上致辞。

局领导与干部职工一起观看节目演出

职工表演的《甩葱》歌舞节目

女职工自编自演的歌舞节目

男职工自编自演的《三句半》节目

职工表演的男女声二重唱

2012年10月26日,中国水文化研究会会长靳怀堾一行应邀前来分局,座谈《长治水文史略》(原名)书稿。

退休老同志在古城平遥游览(2008)

在海南观光(2010)

南京(2005)

黄山(2005)

登山比赛活动于老顶山主峰合影(2012)

桂林(2012)

1997年9月24日，长治市水文水资源勘测分局、晋城市水文水资源勘测分局机构更名挂牌仪式在长治市隆重举行。时任省水利厅副厅长赵廷式、李建国、长治市常务副市长郭有勤、省水文局局长赵之同、党委书记闫株林以及长治市计划、水利等20余个部门的领导、全省兄弟分局局长近百人出席了挂牌仪式。图为挂牌仪式全景。

2013年7月8日，应邀参加《岁月留痕—晋东南水文60年》书稿座谈会的资深老领导、老同志合影。前排左起：郭联华、柴集善、郝苗生、郝富仁；后排左起：罗懋绪、张富裕、武子明。

2000年6月6日，时任长治市委书记吕日周、副市长常反堂在分局视察时与干部职工合影。

2005年4月25日，全省水文工作会议在沁源召开。

左图为全体与会人员在长治宾馆会场合影

2010 年 5 月 2 日，沁源水文站业务办公楼举行隆重奠基仪式。

图为时任沁源县人民政府副县长王宏斌与局长李爱民在奠基仪式上。

1987 年 7 月 9 日，中共长治市直工委书记王云亭（前排左三）一行，在石梁水文站考察时与职工合影。

受表彰的先进集体（2009）

1987 年 4 月，参加分局工作会议的同志在办公楼前合影。

2008 年 7 月 8 日，省局原老领导郝苗生、王继鹏一行 10 余人在北张店站视察时合影。

2012 年 4 月 26 日，全省水环境监测中心 2011 年度管理评审会议在分局召开。

2011 年 4 月 16 日，省水文局党委书记卫平、副局长韩永章，为石梁站同志赠送防暑物品。

局长李爱民为基层测报一线同志送上方便食品（2013）

2011 年建党 80 周年前夕，走访慰问分局老领导郭联华同志。

副局长药世文、王江奕春节前看望、慰问老职工（2012）

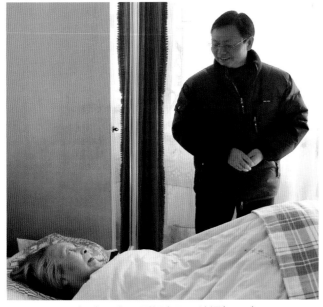

副局长王保云慰问老职工遗孀（2011）

重阳节退休老同志合影（2004）

分局办公楼

办公楼正面

后湾水文站风韵

沁源水文站业务办公楼新貌

北张店水文站远眺

水文住宅小区

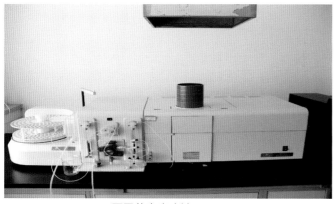

原子荧光光度计

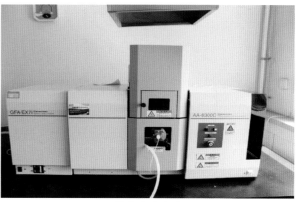

原子吸收分光光度计

电子水准仪

无线遥控雷达波数字测流仪

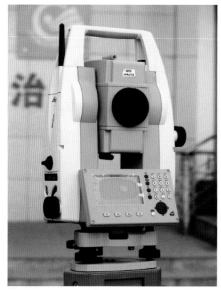

全站仪

雷达式自记水位计

自动测报雨量计

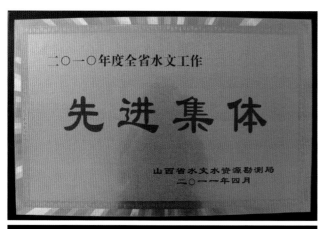

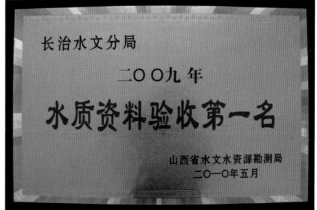

长治市晋城市水文站网分布图

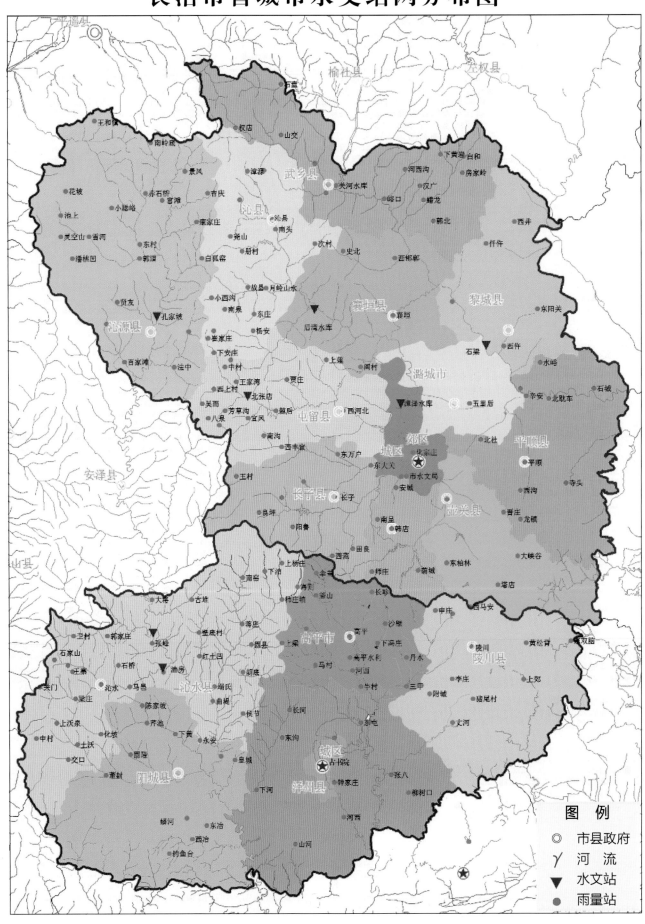

图 例
◎ 市县政府
Y 河流
▼ 水文站
● 雨量站

勘川测水著华章 水情雨情留诗韵

——写在《岁月留痕——晋东南水文60年》编就之际

李 爱 民

水,润泽万物,飘灵逸动,千百年来成为人们咏唱感慨的对象。从老子的"上善若水"到李白的"黄河之水",从苏东坡的"大江东去"再到林则徐的"海纳百川",无数文人墨客、英雄志士,莫不临川咏叹,面水抒怀!

当提笔为《岁月留痕——晋东南水文60年》写些东西时,就在想,我们这些天天和水打交道的人,在面对水时,又会有怎样的情感呢?

新中国的晋东南水文事业始于1952年,到2012年,正好是老百姓说的六十年一甲子。60年转瞬即逝。60年对浩瀚的历史长河以及水文事业来说,只是瞬间,对一个人来说,可能就是一辈子。当我们尝试着记录和总结晋东南水文60年的发展历史时,发现大家对水文的记忆已经淡化成了一部高度浓缩的大事记,却忽略了历史的重要参与者——"水文人"。

60年的晋东南水文走过了怎样的发展历程?

"水文人"在60年的晋东南水文事业里又会留下哪些痕迹?

《岁月留痕——晋东南水文60年》，就是我们为整理挖掘晋东南水文历史，尤其是"水文人"的情感经历而做的一些该做的事情。

我们编辑《岁月留痕——晋东南水文60年》，就是想让那些和水文事业一起经历了60年时光的水文人能被后人记住，记住他们的付出、他们的收获，记住他们在水文历史的瞬间留下的点滴印记。

历史，其实就是一部人类活动记录史。水文事业的发展史，就是一部水文人的历史。流逝的60年水文历史中，一代代水文人用青春、汗水乃至一辈子的时光谱就了不平凡的岁月节拍。《岁月留痕—晋东南水文60年》有幸记录了水文事业中那些与众不同的感悟。

《岁月留痕——晋东南水文60年》主要分三大部分，除了《综述》和《大事记》之外，更多的篇幅记录的是水文人对水文事业的情感表述。这些在《历史印记》、《岁月回声》以及《水文情愫》中可以看到。最能引起人们与水文事业共鸣的也恰恰是这一部分。在这部分中，虽然没有铿锵有力的豪言壮语，也没有神采飞扬的华丽辞藻，但通过朴实无华的文字，可以看到我们的水文员工，在对流逝的水文岁月做记录时，那些水文岁月里特有的奋斗和牺牲、欢笑和眼泪，真实地透露出了一泻千里的情感：奉献、付出和坚守、坚守、再坚守，坚守事业、坚守信念、坚守誓言。

水文事业的属性决定了水文工作的特殊性。水文人长年行进在群山茂林中，人迹罕至处，日复一日、年复一年地勘川测水，观水涨水落，报雨情水情，物质与生活条件可想而知，尤其是水文发展初期，在一穷二白的情况下，除了要自己动手修建站房，制作测具外、还要提防野兽的袭击，当然最难忍受的还是精神上的孤独与寂寞，这些在老员工的回忆录里多有描述。汤贞木同志的《难忘的十八年》、郝苗生同志的《虽苦犹甜，无怨无悔》、温志毅同志的《水文情结永难忘》等文中，可以窥见水文工作艰苦的一面。然而，让人肃然起敬的是，面对艰难、困苦、孤寂等困难时，老一辈水文人以高度的责任感和强烈的事业心坚持了下来，为水文事业今日的蓬勃发展奠定了基石！

水情信息服务，是水文部门最重要的工作任务之一。为了向国家防汛抗旱总指挥部、流域管理机构和政府决策部门送达准确的水情、雨情信息，水文人付出了很多。在水文信息收集还未实现自动化、现代化之前，水文人往往要冒着大雨在雨中观测，白天还好对付，一到夜间，每隔三个钟头的测报，必须雷打不动地完成。长期在雨夜量雨、报汛，许多水文人身体都落下了这样那样的毛病。让人敬佩的1954年就参加工作、为水文奉献一生的柴集善同志的右腿关节落下了经常抽筋疼痛的毛病(见《永远的记忆》)，长治县荫城雨量站观测员李树森同志生患上了顽固性失眠症(见《观雨测墒责任重，准确及时记心中》)，等等事例，不一而足。

　　水文人为水文事业的付出是全方位的。你可以在《岁月留痕——晋东南水文60年》里，细细品味和仔细倾听水文人对水文的挚爱，去感受和了解你熟悉和不熟悉的水文人、水文事、水文情。可以说，晋东南水文事业的60年里程中，需要记录的东西太多太多。让我们记住这些曾经为水文事业以及仍然为水文事业战斗的人们：在测洪一线牺牲的田希雨；坚守岗位顾不上家，女儿不幸夭折的邸田珠；胃病发作，病不离岗，奋战在抗洪第一线的李进宗；夜宿山村，日行千里，进行清泉水调查的晋义钢；经受住考验，对水文由逃避到热爱的侯丽丽；接过父亲的旗帜，延续老一代水文人梦想的田文罡、程丽萍……

　　老子说："天下莫柔弱于水，而攻坚强者莫之能胜。"水，总是让人浮想连翩，从穿石成孔的水珠，到默默无闻的涓涓细流，再到浩渺无边、虎啸龙吟的惊涛巨浪，水的存在，让人心生敬畏！和水天天打交道的水文人又何尝不让人心生敬畏！

　　水文事业是国民经济和社会发展的基础性公益事业。随着水文事业的发展，国家对水文投入的不断加大，60年来，晋东南水文事业和着共和国的脚步成长：水文站网由少到多、水文测验由单一到多样、资料整编实现电算化、办公设备与职工生活环境大大改善……60年来，晋东南水文事业从无到有的点点滴滴的印痕，都在岁月中留下了清晰的记录。透过《岁月留痕——晋东南水文

60年》提供的照片、文字、数字，我们可以读到晋东南水文事业60年的沧桑巨变！

如今，我们的水文事业正在向现代化快速迈进，原来水文人报汛需要骑车到邮局拍电报，如今轻点鼠标就可以把水文信息传过去。原来测一次流需要一个多小时，现在测一次只要几分钟。测流自动化、水位观测自记化、报汛网络化、雨量观测固态化，在不远的将来也会全部实现。

放眼今日，水文人的视野更宽广，胸襟更广阔。大水文理念正引导着水文人"根植水利，依托水利"，向农业、工业、交通、国土、国防等多个领域以及全社会公众提供全方位服务！

面对艰苦，水文人历来不乏敬业求实、艰苦奋斗的作风，面对未来，水文人也不缺肩负人民重托、胸怀祖国厚望的豪情。

实现水文事业发展强大的梦想近在眼前！水文人愿以更激扬的斗志，更奋发有为的豪情在晋东南这片土地上，勘川测水，留下属于水文人自己的诗篇——坚守职责、忠诚敬业、开拓进取、敢于胜利，用水情雨情谱写更加饱满、更加务实、更加靓丽的水文大文章！

2014年6月

目录 Contents

第四章　水文情愫

第五章　大事记

第六章　附表

第一章 综 述

机构沿革

1952年6月,国家水利部工程总局在潞城县石梁、襄垣县西邯郸和大黄庄设立了3处汛期水文站,在潞城县辛安村和左权县下交漳村设立了2处水位站,另外在武乡县蟠龙和壶关县桥上等村设立20余处委托雨量站。同年9月27日,上述站网移交山西省人民政府水利局。

1954年6月,省水利局决定成立了石梁水文中心站。

1958年9月,石梁水文中心站下放到长治专员公署水利局管辖,水利局内设水文科;各水文站下放到各县管辖,水文业务仍由省农业建设厅水利局领导。

1962年5月,石梁水文中心站更名为山西省水文总站晋东南专区中心水文站,机关地点由专区水利水保局迁至漳泽水库。中心站不足10人。

1964年3月,晋东南专区中心水文站更名为山西省水文总站晋东南区分站,并由漳泽水库迁至潞城县石梁。

1969年9月,"工宣队"进驻分站开展"三结合"。同年12月,成立晋东南水文分站革命委员会。

1971年4月,经晋东南地直党委、团委批复,分站成立党支部、团支部,健全了党、团组织。

1978年9月,分站机关由潞城县石梁迁往长治市长太路5号。同时,撤销了"革委会",恢复为山西省水文总站晋东南区分站,分站内设办公室、地面水、地下水、水情、水质和财务6个组(室)。

1989年6月,省编委批准石梁、漳泽、后湾、孔家坡站为科级建制,北张店、油房站为副科级建制。

1996年7月,经省编委批准:晋东南区分站更名为长治市水文水资源勘测分局,与晋城市水文水资源勘测分局合署办公。更名后的分局为副县(处)级建制,领导职数为3名,职工编制为48名。同年11月6日,省局批准分局设6个科室,分别为:办公室、水文经济科、站网科、地下水监测科、水情信息科和水质监测科,级别为正科级。

1998年2月,为理顺基层水文机构,分局所辖6个测站相应更名为:山西省水文水资源勘测局漳泽水库水文站；山西省水文水资源勘测局孔家坡水文站；山西省水文水资源勘测局油房水文站；山西省水文水资源勘测局后湾水库水文站；山西省水文水资源勘测局石梁水文站；山西省水文水资源勘测局北张店水文站。

2008年3月，孔家坡水文站更名为沁源水文站。

水 文 站 网

据考证,在中华人民共和国成立之前,晋东南境内共有6处雨量站,分别设于黄河流域的晋城、高平、陵川、阳城、沁水和沁源。新中国成立后,黄河水利委员会于1950年7月,在沁河上设立了润城水文站(当时称流量站),从而结束了晋东南境内无水文站的历史。1952年6月,水利部工程总局在浊漳河石梁段、浊漳河北支西邯郸段与西支的大黄庄段分别设立了3处汛期水文站,在潞城县辛安村和左权县下交漳村设立了2处水位站,在武乡县蟠龙和壶关县桥上等村设立20余处雨量站,初步形成了晋东南地区水文监测网络。

在20世纪50年代,国家百业待兴,为适应大规模的水利建设,国家相继投入一定的资金,在海河流域的黄碾、仓上、桥坡、西莲及黄河流域的油房、涝泉、甘河和白洋泉等地设立水文站10余处。进入60年代后,根据水利工程建设和管理的需要,对原有水文站网进行了大范围调整,多数水文站被撤销,保留下的基本水文站仅有7处,一直延续至1993年。这7处基本水文站,属我省管辖的有6处,分别是沁源水文站、后湾水库水文站、漳泽水库水文站、石梁水文站、北张店水文站和油房水文站;属黄河水利委员会管辖的为1处,即润城水文站。1993年,海河水利委员会漳河上游管理局在浊漳河干流设立侯壁水文站1处。至2011年,雨量报汛站基本稳定在100处左右。

20世纪70年代末至80年代初,水文工作为适应改革开放经济社会发展需求,水文业务在原来单一的地面水测编业务基础上,增加了地下水长观、水质监测项目。1979年10月,先期在长治盆地设立浅层地下水动态长观井42眼;1980年10月,在高平、巴公、北石店、晋城城区和南村5个山间盆地,设立浅层地下长观井27眼。上述长观井分别在当年底设立完成并正式开展观测,全部埋设有水准点,统一引入黄海基面统一高程。1981年5月,在长治、晋城两市设立水质监测断面29处,定期进行采样分析。

2012年,在中小河流水文监测系统建设规划中,省局为长治、晋城两市规划新建、改建雨量站199处,新建、改建水位站9处。截至该年年底,新建、改建199处雨量站任务全部完成,并全部实现了雨量报汛自动化;新建、改建水位站因故完成了5处。12月29日,省局组织设计、施工、监理单位相关人员对上述建设项目进行了验收。至2013年5月,剩余4处水位站续建项目全部完成。

2013年,长治、晋城两市共有水文观测站点380处,其中基本和专用水文站13处,水位站9处,雨量(报汛)站221处,地下水动态观测站89处,水质监测点28处,土壤墒情监测站20处。在上述站网中,其中属黄河水利委员会管辖的基本水文站1处(即润城水文站),雨量(报汛)站11处;海河水利委员会管辖的基本水文站1处(即侯壁水文站),雨量(报汛)站1处;河南省水文水资源局管辖的雨量(报汛)站9处。在89眼地下水动态观井中,其中有38处承压水观测井。

水 文 测 验

水文测验是收集和整理水文数据的作业过程,包括水文测站的测量作业、水文调查和水文资料整编刊印、存贮供应等内容。水文测验是水文工作的基础,要求在使用水文资料之前进行,并保持稳定,所以其效益具有间接性和滞后性的特点。

一、降水量观测

我国的降水量(雨、雹、雪等)观察具有悠久的历史,早在公元前11世纪的商代,甲骨文中即有降雨的定性描述。汉代(前202—220)有"自立春至立夏,尽立秋,郡国上雨泽"的报告雨量制度。清代,用雨水渗入土壤的深度来定量表示。民国时期观测降雨的仪器称为雨量计,是仿照美国直径为20.32厘米(8英寸)的标准式雨量计制造的,观读雨量时使用特制的雨量尺。抗日战争胜利后,将雨量尺改为量杯,可读到0.1毫米。观测时制规定为每天9时定时观测一次,并以9时为降水的日分界。

中华人民共和国成立初期,雨量计的类型较为杂乱,口径有20.32厘米、20厘米、11.3厘米、10厘米等,1951年时采用19时为降水量的日分界,1952年又改为9时,至1956年1月起,全国水文系统规定以北京标准时8时为日分界。1955年开始,统一使用20厘米口径带防风圈的雨量器,器口高出地面2米,用专用杯计量。由于使用不便,1958年6月,撤了防风圈(防风圈对雪量观测不利),60年代初开始使用自记雨量计观测。自记雨量计有虹吸、翻斗等多种形式。

1998年,雨量观测普遍采用20cmjde02型固态存储仪,既有效提高了雨量资料精度,更有利于水文资料整编和水文信息化建设。2012年,随着全国、全省中小河流水文监测系统建设,晋东南地区新增和改建雨量站达199处,其中长治市境内118处,晋城市境内81处。上述雨量站全部采用辽宁省丹东市环欣电子有限公司生产的JD202-1型自动测报雨量计。

雨量观测一直沿用委托形式,委托对象一般为有一定文化程度且责任心强的农村干部、农民技术员等,经水文部门专业培训后担当委托任务。

二、水位观测

历代沿河居民把罕见的最高或最低水位及其出现时间记在石崖上,留下了大量宝贵的水位记录。我们所调查到的本地最早洪水位刻记,是1482年(即明成化十八年)沁河特大洪水。记载这次特大洪灾的史籍很多,如地方志、《明实录》、《明史》、《明通鉴》、《御批历代通鉴辑览》、《行水金鉴》和《续文献通考》等。这场洪水的特点:一是量级特大。1979年经黄河水利委员会勘测设计院对九女台河段洪峰流量的分析估算,认为当时洪峰流量为14000立方米/秒,相当近百年来最大洪水(1895年5700立方米/秒)的2.5倍。二是降雨持续时间特长,产生的洪水峰高量大。

2013年4月,我们再度对这场洪水痕迹进行了考察。在沁河九女仙台上,"成化十八年河水至此"刻记仍清晰可辨。但需要说明的是,此处现已开发为旅游景区,上述刻记是否为当年所刻尚有待考证。(见附图一)

(附图一)现场考察1482年(即明成化十八年)沁河特大洪水(2013年4月摄)

近代的系统水位观测是随着水文(位)站的设立而开始的。水位观测的设施主要是水尺。多数水文测站以直立式水尺为主,冬季发生流凌和封冻的河段改用矮桩式水尺;在筑有防洪堤坝的河段(含水库大坝等)一般使用斜坡水尺。为了大洪水测验,水文测站根据历史调查洪水,设置了高水位水尺,作为测流设施冲毁后的最后测验设施。

晋东南地区各测站使用的水准基面很长时期没有统一,有使用黄海、大沽基面的,也有使用假定基面的。假定基面则是因水文站地理位置偏僻,附近没有国家水准网点,因引测十分困难而假设的高程起算基面。20世纪80年代中期,水文部门对所有水文测站、地下水动态长观井引测了黄海基面,结束了水文测站水准基面不统一的局面。

三、流量测验

流量是指在单位时间内通过某一断面的水体体积。流量测验包含了流速和断面面积(主要是水深)两个方面的内容。晋东南地区由于大部分测站具有河源短促、比降较大、水流含沙量高、漂浮物多、河槽冲淤变化快等特点,使流量测验存在有较大难度。20世纪50年代,流量测验主要使用流速仪法和浮标法。流速仪法只能在流速小于3米/秒时施测,测洪能力不高。在大洪水时,均采用浮标法施测。50年代初,流量测验曾使用手板式缆车。1983年后,随着我省水文测站基本设施(即基线桩、断面桩、水尺桩)统一形式推出,流量测验设施也多次进行技术改造,实测能力提高到50～100年一遇以上洪水。2013年,在石梁、后湾站开始使用由分局与北京美科华仪科技有限公司共同开发研制的无线遥控雷达波数字化测流系统。

四、泥沙测验

晋东南地区的泥沙测验包括悬移质泥沙测验和泥沙颗粒分析两方面的内容。悬移质泥沙测验因我市水土流失严重,河流含沙量高,每个水文测站都有此项观测任务。当实验资料证明含沙量在0.05千克/立方米时方可停测(一般在冬春很短时间内)。从1956年起,普遍推行单位水样含沙量测验与输沙率测验相结合的方法。该法原理是通过建立单位水样含沙量(单沙)与断面平均含沙量(断沙)关系,用测次稠密的单沙过程推求断沙过程,与流量资料配合,推求输沙率。悬移质采样仪器一般都使用横式采样器。20世纪80年代初期,曾经试制成功与水文缆道配合使用的悬移质自动连续采样装置。沙样处理在70年代以前大多用烘干法。80年代开始全面推广使用置换法。置换法可减少烘干法程序中的过滤、烘干、称纸重,节约时间,在较短时间即可求得含沙量,为及时掌握含沙量变化过程提供了条件。

泥沙粒径分析采用粒径计法,此法早在70年代即被证明分析成果有细沙粒径偏粗问题存在,影响生产使用。80年代起,全国水文界较为通用的是光电颗分仪,并对历史上的粒径计分析成果进行修正。

五、蒸发、水温、冰凌观测

蒸发观测仅指水面蒸发而言。晋东南的蒸发观测始于1954年7月,即润城流量站最早开展的此观测项目。1958年后,漳泽、后湾水库水文站相继开展了水面蒸发观测。初期用20厘米蒸发皿或80厘米套盆蒸发器。1960年在原苏联rrII-3000型蒸发器样式的基础上,为防止溅水加了水圈,定名为E-60l型蒸发器,1975年起作为标准仪器全面推广使用。由于冬季(12月至次年2月底)寒冷,蒸发器常发生结冰现象,因此冬季都改为20厘米的小型蒸发皿用称重法进行观测。

水温观测在水文站的基本断面上定时观测。由于水化学、水质监测和泥沙颗粒分析也需要水温参数,故水文测站均有水温观测任务。

冰凌观测同样在水文站的基本断面上定时观测,内容包括初冰、冰厚、融冰、流冰、岸冰、封冻和解冻等。

六、水质监测

晋东南水质监测是自1981年5月开始的。监测频次和项目均按部颁标准和省水文水资源勘测局统一制定的规定执行,每年在设立断面采集、分析4次,监测的项目除物理性质、八大离子之外,还有酚、氰化物、总汞、六价铬、溶解氧、化学耗氧量、氨氮、氯化物、氧化还原电位、酸碱度、总硬度、电导率等人为污染成分。1982年,监测项目增加了氟化物、硝酸盐氮、亚硝酸盐氮。同年,对长治、晋城两市百余家工矿企业进行了污染源调查,基本查清了污染源状况。1991年,进行了大规模的入河排污口调查。

1995年5月,长治(晋城)水环境监测中心,首次通过国家技术监督局的计量认证,所申请认证的地表水、地下水、饮用水、废污水、土壤农作物、矿泉水、水生物、毛发等9类82个检测项目,已具备按国家及行业标准规范进行检测的能力,符合jjgl021-90和jjg(sl)100l-94的计量认证技术考核规范要求,检查能力强,质量可靠,具备为社会提供公正数据的能力。监测范围也从河流、湖泊、水库的常规监测扩大到取水口、排污口、大气降水、地下水等全方位的区域水资源、水环境质量监测。

之后,在每5年或3年一次计量认证复查评审时,评审组通过听取监测工作和质量管理体系运行情况汇报,考察化验室环境、仪器设备、资料档案,抽查监测结果后均认为:长治(晋城)水环境监测分中心硬件建设标准高,化验室布局科学合理,管理规范,监测人员尽责,质量体系运行基本符合评审准则要求,能够独立承担第三方公证性监测。

至2012年末,长治(晋城)水环境监测分中心及测站共有14人持有"采样人员上岗证",5人持有"水质监测人员岗位证书",7人持有"水行业内审员书",4人持有"水质监测从业人员岗位证书"。

七、地下水动态观测

晋东南地区的地下水动态长期观测,是1979年和1980年年末分别在长治盆地与高平、晋城盆地设立地下水观测站并开展观测的。当时,共设长观井69眼。由于该项观测业务刚起步,加之缺乏经费与经验,所以观测井选用农村饮用水浅井居多,考虑到地下水开采量项目的观测,在高平等地也选用了数处农用机井。按照山西省《地下水观测试行规定》和《山西省地下水动态观测补充规定》,地下水观测项目为4项:水位、水温、水质和开采量。因受经费、设施和技术力量诸多条件限制,只有水位、水温两个观测项目正常进行,水质监测仅在1987和2001年进行过两次统一采样分析,开采量观测虽然在个别观测井上安装了

"三角堰"量水器,但因未设专门观测井、观测相对麻烦和委托观测员待遇偏低等原因,这一项目始终没有开展起来。水位观测每5天一次,与水温观测同步进行。有水温观测项目的井约占50%。

1996年至1997年间,陆续开展深井(承压水)动态长观项目,在12个县(市、区)共设立观测井35眼,每月观测3次。地下水动态长期观测项目,为长治、晋城两市经济社会发展规划制定和第二次水资源评价提供了重要依据。

地下水动态长观站网建立、运行30多年来,为满足经济社会建设和水资源研究与保护进行过多次调整,截止2012年底,共有地下水长观井89处,政府经济考核指标井121处,地下水统测井322处。在89处地下水长观井中,其中有承压井38处,水温井4处,参数井2处。

资 料 整 编

水文资料整编工作。是将水文站定位观测成果和符合国家有关规范要求的调查资料，按全国统一图表形式整理提炼编排之后刊印，提供社会在经济社会建设中应用。为国家建设积累的长期水文资料是属于国家所有的重要档案。

一、历史资料整编

民国时期，晋东南仅有6处雨量站。1951年，水文部门将这些观测资料进行了收集、分析、整编，但由于观测执行标准不统一，时间不连贯，且大多经不住分析考证，故资料可信度较低。20世纪50年代初期，为满足水利建设的规划需要，将历史上所有能够收集到的水文资料汇总后，按流域分送到流域机关进行整编。属于海河流域的水文资料，一齐送交到当时的华北水文资料整编室，历时5年方刊印出"华北区水文资料"。黄河流域的历史水文资料连同1953年底以前的水文原始资料，送达黄河水利委员会进行审查整编之后，于1957年刊印提交使用。这些资料观测时制不一致，计量标准也不同，又有许多矛盾，因此仅仅具有参考价值，不能作为依据。

二、1954年以后的资料整编

从1954年开始，推行了"在站整理"，即由基层水文站负责水文资料的初步整编工作。1953年，水利部水文局在河北召开全国水文资料整编经验交流会议，会后编写下发了流量、含沙量资料整编方法。从此，资料整编才有章可循。1955年水利部颁发《水文测站暂行规范》，将在站整理资料规定为测站任务之一，并且制定了全国统一的测验报表及报表填制规定，确定了各个水文要素的有效位数，要求水文测站"随测算、随发报、随整理、随分析"（简称"四随"）。1955年10月11日，省水利局向各水文测站颁发了"测站任务书"，其中就包括资料整理和表报递送的内容。水文资料整编工作逐步在测站推开，然后由省水文总站集中人员，采取交叉方式对水文资料整编成果进行审查。1963年3月4日，省水利厅印发了《山西省水文原始资料校核审查试行办法》，全省水文系统即起执行。20世纪70年代，审查资料整编成果时，除审查整编方法、数字规格外，还进行合理性检查和表面统一检查（简称表检）。合理性检查分单站合理性检查和综合合理性检查两大类。单站检查包括本站各水文要素变化过程的合理性检查、各种过程的对照检查、历年同类关系曲线的对照检查,水量、沙量平衡检查,相邻站逐日降水量、月年蒸发量对照检查等。表面统一检查是对整编成果图表中各有关项目进行对照检查,其目的在于消除文字、数字、规格上的不统一现象。随着水文测验技术和资料整编成果质量的提高,资料中存在的问题大大减少,但合理性检查和表面统一检查仍然起着把关作用,是必不可少的工序。

水文资料整编成果刊印成水文年鉴的工作由水利部指定的单位完成。水文年鉴在20世纪50年代时称为某流域或某地区水文资料,1958年水利部水文局将全国按流域水系一划分水文资料刊印卷册范围,并将逐年资料统一命名为《中华人民共和国水文年鉴》,其中沁河、丹河资料刊印在第4卷第6册。从1954年开始,海河流域水文年鉴刊印至1991年,黄河流域水文年鉴刊印到1988年,之后年鉴刊印工作停止。在水文年鉴编印中,一般都是在测站完成计算和双校工作后,分汛后、次年初两次由分站审查,次年春由总站组织复审后送流域机关汇编,最后由流域机关完成刊印。80年代起,因水文资料刊印篇幅多,流域机关不愿承担小河水文站整编成果的刊印工作,因此,1983年由省水文总站组织刊印了1979—1981年小河水文站水文资料和配套雨量站的雨量资料,并附有测站平面图、集水区平面图、测站位置平面图、地貌图、植被图、土壤图、地质图。以后此项工作没有再继续进行。

晋东南刊入水文年鉴的内容分测站考证、水位、流量、悬移质输沙率及含沙量、泥沙颗粒级配、水温、冰凌、水化学、地下水、降水量、蒸发量共11项。测站考证项目中,刊印测站说明及位置图,凡新设站、测站(断面)迁移、水位站改为水文站或附近河流有重大改变的站,于事件发生年份进行编印,逢0逢5年份不论新站、老站,情况有无变化,均进行编印。水位项目中(包括河道站、渠道站、水库站)编印逐日平均水位表。1967年以后,独立使用价值不大的站(如渠道站等),只刊印"水位月年统计表"。从1982年起,小河水文站不编印水位资料。流量项目编印"实测流量成果表"和"逐日平均流量表"。国家基本水文站还编印"洪水水文要素摘录表"。悬移质输沙率及含沙量项目编印"实测悬移质输沙率成果表"。泥沙颗粒级配项目编印有"实测悬移质断面平均颗粒级配与相应单位水样颗粒级配成果表"、"实测悬移质单位水样颗粒级配成果表"、"月年平均悬移质颗粒级配表"。水温项目编印"水温月年统计表"。冰凌项目仅用符号将冰情刊注于"逐日平均水位表"或"逐日平均流量表"中。水化学项目编印"水化学分析成果表"。从1985年起,地下水观测成果另册刊印。地下水项目编印"地下水井说明图表"及"地下水位表"两项成果。降水量项目中编印"逐日降水量表"和"降水量摘录表"、"时段最大降水量表"。蒸发量项目中编印"逐日蒸发量表"或"蒸发量月年统计表"。

三、电算整编

晋东南应用电子计算机整编水文资料是从20世纪70年代末开始的。1979年8月,水文总站购进一批电子计算器,用以取代水文测验和资料整编工作中大量使用的算盘和计算尺。1983年,使用黄委会编制的降水量及水位、流量、含沙量资料的通用程序,在国产tq-16型电子计算机上整编。1986年水文总站购入美国micro-vaxii型计算机,安装调试后投入运行,专门用于电算整编。该种机型具有汉字系统、键盘输入屏幕显示,打印清晰,容量大,运算性能好,为大面积推广电算整编技术奠定了良好基础。特别是1988年4月由黄河水利委员会、长江水利委员会分别完成的"vax机整编降水量资料全国通用程序"和"vax机整编水位流量含沙量资料全国通用程序"通过鉴定实际应用后,极大地推动了水文资料电算整编的工作进程。1989年降水资料已经全部使用电子计算机整编,1991年全部实现了水位、流量、含沙量资料的电算整编。1995年,经过慎重考虑,完全停止了仍同时进行的人工整编,使水文资料整编进入了全面电算新阶段。

四、水质资料整编

自1981年开展水质监测项目以来,资料整编一直是单独进行。其工序仿照地面水整编方法,在水文分局先行整编、双校后,再集中到省局汇总审核。1983年起自行刊印了《1981年山西省地表水水质监测成果》。从1982年起,参加了黄河流域组织的水质资料汇编工作,并将监测资料提供审查后交付刊印。海河水利委员会于1984年设立水资源保护办公室,开始汇编1982年、1983年流域内各省、市的水质监测资料(以后逐年定期刊印)。山西参加了海河水利委员会组织的水质资料汇总工作,并将省内成果交付刊印。

五、地下水动态长观资料整编

20世纪80年代初期开展地下水动态长观后,省水文总站于1983年12月将省内1981年以前全省各地的地下水动态观测资料进行收集整理、审查汇总后刊印成册,以后便逐年进行资料整编刊印。刊印内容有地下水井一览表,包括位置、设立时间、井深、地下水类型、高程等,正文刊印的除水温、水位、埋深外,增加了动态变化过程线。

水文技术与信息服务

　　水文是国民经济建设和社会发展的一项重要的基础性、公益性事业。通过监测地表水、地下水的各种水信息,在整理、分析和评价的基础上,为防汛抗旱、水利工程、水资源管理、水环境保护、生态建设以及经济社会发展与人民群众生活等方面提供服务。

　　20世纪60年代以前,水文工作基本是足不出户,固守断面,只是单纯地开展水文监测的基础业务。70年以来,特别是在如火如荼的"农业学大寨"运动中,水文部门才走出断面,组织起了"农业学大寨"服务队,深入平顺、武乡、襄垣等县,为农业治坡造地、植树造林、引水上山以及小流域治理进行测量、规划服务。

　　进入20世纪80年代后,随着我国改革开放的不断深入和经济社会的快速发展,水文工作才从"传统水文"逐步向"现代水文"过渡,水文业务由单一的地面水测验,发展到地下水动态长期观测和水质监测并重的"三大"业务,并陆续开始长治、晋城两市《水资源公报》和全省《地下水通报》、《水质简报》的编制工作,以其鲜明的目的性、较强的时效性、大量的信息内容和重要的参考价值,直接服务于经济社会建设。

　　近10多年来,特别是2002年《中华人民共和国水法》和2007年《中华人民共和国水文条例》颁布实施以及2006年我国建立取水许可制度以来,水文工作在经济社会建设中的地位越来越高,作用越来越重要,水文服务领域不断得到拓展,水文的支撑作用越加凸显,分局完成了《长治市欣隆煤矸石电厂有限公司1×300mw建设项目水资源论证报告》等一大批"水资源论证报告"的编制以及《长治市水污染控制与生态环境保护研究》、《长治市灾害性洪水预测预警系统研究》、《长治市抗旱规划》、《长治市水资源开发利用干旱年份需水预测》、《辛安泉域水资源动态分析预测预报》数十项技术服务项目。

　　水情信息服务,是水文部门最重要的工作任务之一,自晋东南地区建立水文机构以来,就将水情信息服务摆在了水文工作的突出位置,每年汛期为国家防汛抗旱总指挥部、流域管理机构和政府决策等130余个部门,提供了数以千计的水、雨情信息,为防洪减灾、确保沿河人民一方安宁做出了突出的贡献。1995年7月起,分站开始编发《长治市水情月报》和《水情快报》,主要发送驻地防汛、水利、农业有关部门和市政府有关领导。浊漳河"76820"、沁水河"82802"和沁河"93804"特大洪水成功测报,为政府防汛决策起到了不可代替的重要作用,取得显著的社会效益,特别是沁河孔家坡站"93804"特大洪水的成功测报,曾受到省人民政府的通报嘉奖。

2011年8月18日,晋城市城区北石店、泽州县杜河水库以及沁河上游沁源县蟠桃凹、雪河一带发生319毫米、188.0毫米、120.8毫米的特大暴雨,分局紧急启动二级应急响应,将采集到的实时水雨情信息,第一时间报送省防汛抗旱指挥部和驻地政府,为政府组织抢险赢得了宝贵时间,使遭受暴雨袭击的北石店刘家川千余群众和20余名遇险乘客得以及时、安全转移和解救,充分彰显了水文部门在防汛抢险关键时刻的重要作用,受到驻地政府高度赞扬。

进入信息化时代以来,水情信息服务也随之发生了重大变化,采用网络与手机捆绑技术,每年汛期向防汛领导机构、驻地政府、相关部门及协议单位,提供手机水情信息服务3000余条,使水情信息服务更加及时、便捷、迅速。

办公和生活设施

　　1952年6月,晋东南地区设立石梁、西邯郸和大黄庄3处水文站时,没有一间办公和职工生活用房,办公和职工住宿,全都租用或临时占用村里老乡的房子、窑洞和庙宇(见附图二),为便于工作,仅是在测验断面上搭建简易观测房、浮标房或小平板房。1957年之后,石梁中心站才建起了5间北房、3间东房和2间西房,随后,西邯郸、孔家坡、漳泽、北张店站,陆续建起3～5间砖木结构的瓦房,供办公和职工住宿。1964年4月,晋东南专区中心水文站更名为晋东南区水文分站,分站机关从漳泽水库管理局迁回石梁后,在石梁水文站的东侧建起5间约120平方米瓦房,作为石梁站的办公、生活用房(见附图三),原石梁水文站的站房稍作修缮后由分站使用。油房水文站1965年由黄河水利委员会移交我省时,亦建有站房。而1961年设立的后湾水文站,却一直借住在后湾水库管理局,直到1979年才建了站房。

　　(附图二)20世纪50年代末西邯郸水文站职工曾经住过的庙宇(2014年5月摄)　　　(附图三)修建于60年代的石梁水文站站房(2014年4月摄)

　　1974年,省水利局批准分站迁至长治,并于同年8月批复投资计划2.2万元。1976年,分站在长治原长太路东侧征得土地5亩,开始了办公楼兼宿舍的兴建,并于1977年底完工。新建分站办公楼为单面二层小楼,坐东向西,约800平方米,30余间。1978年9月,分站机关由潞城石梁迁至长治新址,至此,分站拥有了单独办公室和宿舍。

　　1979年6月,省水利局以〔79〕晋水计字456号文,为分站化验室下达基本投资2.0万元

（一期投资），建水质化验室570平方米。后经分站领导与省水利厅、省水文总站积极协商争取，最终该项目投资9.6万元，建筑面积追加到920平方米，其中包括7户职工家属住房。当年10月，分站在办公楼对面征得新华菜场土地8.2亩，并于11月开工实施。1980年6月水质化验楼竣工后，解决了霍葆贞、胡美珍等8位"农转非"老职工的住房问题，后将18间"化验楼"改造后，又解决了数名70年代后参加工作或成家稍早的职工住房问题。

据分站"1979年清理财产工作总结"资料显示：截至1979年底，晋东南分站共有建筑面积1753平方米，当时价值18.4万元。

1985年9月，长治市城市建设开发公司经城建部门批准，在分站已征土地内新建5层住宅楼一栋，该公司与分站签订了"出售北关桥1号楼协议书"，最终分站由地皮换得一个单元，约625平方米，解决了郭联华、于焕民等8户职工的住房问题。在625平方米建筑面积中，其中含店铺113平方米。

1990年6月，省水利厅晋水基字〔1990〕41号文批复，为石梁水文站站房、测验设施总投资11万元，将石梁站土木结构瓦房进行了改造，建成单面二层楼共14间房。

1995年3月，随着分站第一栋住宅楼破土兴建，从而掀开了分站大规模基础设施建设的序幕，至1999年5年间，共建住宅楼、综合楼和办公楼共5栋约12000平方米，其中：职工住宅70套，计7500平方米；分局办公楼2000平方米；水文培训中心（即现在的田园春酒店）2500平方米（其中含漳泽水库12套住房，约1200平方米）。在70套职工住宅中，有约170、140、105、90平方米4种户型，户均107平方米，使分局85%的职工享受到了福利购房，居住条件得到根本改善。其间，还完成了漳泽、后湾两站约500平方米的站房重建。

据省华祥审计事务所2001年12月31日对分局资产负债表（也称财务情况表）审验，截至2011年底，分局总资产额为765.5万元，其中固定资产为人民币742.8万元（2001年8月15日，分局职工已办结住宅楼购房手续并领取全产权"房屋产权证"，所建70套住宅，分局职工购买42套，对社会出售28套；同时，还将1985年长治市城市建设开发公司所建北关桥1号楼小户型住宅出售2套。固定资产742.8万元，不包括职工已购的44套和对外出售的28套住宅），为1979年的40倍。

随着2011、2012年沁源水文站（原孔家坡水文站）业务办公楼和后湾水文站别墅式站房的相继落成，标志着分局、基层测站办公以及职工生活基础设施正发生巨变，与时代同步发展。

党组织与精神文明创建

　　1971年4月2日,经中共晋东南地区直属机关委员会批复,罗懋绪同志任分站党支部书记。在此之前,分站没有建立党组织,10多年间党员数量一直保持在3~5名,党员活动、上缴党费均在省水文总站或晋东南行署水利局。1984年8月,晋东南地区直属机关委员会批复同意:郭联华、罗懋绪、申富生3人组成党支部委员会。郭联华同志任党支部书记后,分站党组织活动才趋于正常,党员队伍不断壮大。党支部成立后,除将"三会一课"等制度实行常态化外,并按照党中央和上级党组织的统一部署,组织开展了"三讲"、"保持共产党员先进性教育"、"创先争优"、"群众路线教育"等一系列活动,党员队伍由原来的3~5人发展到16人,为党组织注入了新鲜血液,增添了新的活力,并在工作中逐步显现出党支部的战斗堡垒作用和共产党员在各个工作岗位上的先锋模范作用。在2008年四川汶川发生大地震时,分局9名在职党员仅以"特殊党费"的形式就交纳10000元,支援灾区重建,充分体现出了共产党员的先进性和模范性。据当时的《山西水文信息》报道显示,长治分局党员和退休党员交纳的"特殊党费",人均居全省水文系统之首。

　　据不完全统计,1988年至2012年间,分站党支部共获得中共长治市直工委、省水文总站党委"先进党支部"、"先进基层党组织"、"党风廉政建设先进集体"等荣誉13项,党支部书记郭联华、申富生,共产党员何太清、晋义钢、王江奕、牛二伟、杨建伟等10余人,先后获中共长治市直工委"好书记"、"优秀党务工作者"、"勇于改革的优秀共产党员"、"优秀共产党员"等荣誉称号。党支部的《抓好三个坚持,加强支部建设》、《思想政治工作要联系实际,注重实效》、《加强和发扬党的民主集中制是克服官僚主义的治本之策》等先进经验和做法,先后在长治市直机关思想政治工作交流会、全省水文工作会议和长治市直工委主办的《市直党建》上交流或刊载。

　　社会主义精神文明建设,是社会主义现代化建设的需要。分局精神文明创建活动,始于20世纪80年代初。30多年来,分局历届主要领导对精神文明创建活动高度重视,常抓不懈,广大党员干部职工积极参与,共同努力,使分局精神文明创建活动结出累累硕果。早在1982年,分站就获得晋东南地直单位"全民文明礼貌月活动先进集体"荣誉,1984年石梁水文站获潞城县委、县政府"文明单位"称号。进入21世纪以来,分局结合全省水文系统文明水文站创建,开展了新一轮的精神文明创建活动,组织全体干部职工参加了市精神文明指导委员会组织的"创建文明城市、我做文明市民"宣誓、为长治市精神文明建设"150"(即"要文明")捐款等活动。

2001年,孔家坡水文站获水利部水文局与精神文明指导委员会"全国文明水文站"称号,分局获省局"文明创建先进分局"称号。2002年,孔家坡、石梁、后湾、漳泽水库水文站获省局"文明水文站"称号,其中石梁水文站还获得省局"文明标准水文站创建活动先进集体"奖。

2006年,分局在获得长治市城区2004—2005年度文明单位基础上,于2008年被中共长治市委、长治市人民政府授予长治市"文明单位"称号,被长治市城区区委、区政府授予"平安单位"称号。分局住宅小区授予市级安全文明小区和园林化庭院,小区住户全部评为"五星级"或"四星级"文明家庭。

第二章　历史印记

常备不懈的水文尖兵

——油房水文站战胜特大洪水的事迹

梁 述 杰

油房水文站是黄河流域沁河上的一个区域代表站,位于山西省南部沁水县城以东20千米的油房村。

该站断面控制河长49.5千米,流域面积414平方千米。流域内崇山峻岭,坡陡流急,汇流速度快,时间短,水势暴涨暴落,具有山溪性河流特点。主要测验设施有缆车一副,高架浮标投掷器一套。全站4名职工,担负着水位、比降、流量、悬移质输沙率、含沙量、降水量等9个项目的监测任务和为5个单位拍发水雨情报工作,并负责15个雨量站的管理和一个专用水文站的业务指导。从1956年设站至1981年,26年中他们栉风沐雨,为根治河流危害和开发利用水资源积累了宝贵的资料,为防洪减灾、保障人民生命财产安全做出了重要的贡献。1981年前,实测最大洪峰流量为474立方米/秒,调查历史洪峰流量为1110立方米/秒。

1982年7月3日,油房站发生了一次最大洪水,洪峰流量超过历史实测纪录。接着,从7月29日开始连降大雨,洪峰频繁出现。截至8月15日,共发生大小洪峰13次,超历史实测记录的大洪水就有3次。其中8月2日凌晨洪水实测最大流量为2860立方米/秒(受上游垮坝影响,经还原计算,天然洪峰为1950立方米/秒),不仅超过了历史实测记录,而且超过了调查到的历史洪水,断面水尺全部冲光,观测房被冲走,通往下断面的路被淹,通信线路和照明线路冲毁,站房基础下沉,墙壁倾斜裂缝,地面进水,全站同志被围困在上中断面50米距离的一块高地上。雷鸣声、洪水咆哮声、房屋和崖壁的倒塌声震撼山谷,电闪划过长空,面对暴雨和洪水的严重威胁,油房水文站的同志们不顾个人安危,他们唯独想到的是保护水文资料。站长李进宗冲进办公室,把已经整理好的水文资料转移到安全地方。其他人员用已准备好的毛笔、红漆,打着手电在断面岩石上作出水位标记。在沙滩水边打了一个小小的木桩,用高架浮标投掷器在抢测洪水流量。经过一夜的顽强奋战,终于测住了特大洪水的完整变化过程。共施测流量8次，流量实测100%，并取单沙6次，颗分5次。在电话、电报、道路三不通的情况下，把最大洪峰流量的水情电报派人涉水20千米送到沁水县城。当时的县城也被淹，邮局停业，通过抢险部队电台才将洪水情报发了出去。特大洪水后，仍阴雨连绵，洪水几乎每天出现一次。全站同志发扬不怕疲劳连续作战的作风，抓紧测验设施的恢复整修。不到半个月时间，他们重新打水尺9支，架设了断面索、副索和牵引，加固了缆车支柱基础、地锚和高架浮标投掷器，同时还测得7次较大洪水。

在与洪水斗争中，油房站的同志们对水文事业高度的责任感，为抢测洪水而英勇顽强、不怕牺牲的高尚品德，不怕疲劳、连续作战的作风以及取得宝贵水文资料的先进事迹，都受到省水文总站的表扬和奖励，并授予锦旗。

他们的事迹集中到一点，就是"常备不懈"。

从严从难　充分做好迎洪准备

为了迎测可能出现的特大洪水，站领导对站上同志的思想状况和各种测验设施的准备情况作了认真的检查、分析，认为多年的"和平"环境，使站上的同志麻痹思想有所滋长，对是否发生特大洪水存在侥幸心理。在这种思想支配下，对迎测洪水的各种措施还不落实，特别是对迎测特大洪水的浮标测流，还只留于口头。于是便组织大家认真学习和讨论总站关于《提高警惕，加强戒备，做好迎战大洪水的通知》，在提高认识的基础上制定了"测洪方案"，明确岗位责任制，把认真进行测洪演习作为迎测特大洪水的首要准备。入汛后，结合汛初的小洪水进行实战演习，一结合实际，弱点就暴露出来了，浮标投不到预定的位置；夜明浮标翻跟头的多，有用的少；描平板注意画线忘了卡秒表，注意卡秒表又忘了画线，动作不协调。针对演习暴露出来的弱点，反复思索，不断改进，刻苦练习，最后终于取得了满意的效果。在实践中，他们不断充实完善测洪方案，对各种可能出现的不利条件都做了考虑。与此同时，根据测洪方案的要求，对测洪物资做了准备，并把收听天气预报也明确落实在岗位责任内，责成专人负责，按时公布。

功夫不负有心人。正是由于汛前的刻苦练习和责任到人，才使得他们在"82.8"特大洪水面前临阵不乱，沉着应战。在大洪水上涨阶段，他们乘缆车取沙样，由于水位急剧上涨，迫使缆车一再升高以至不能再升，撤至近岸后，又被一棵杨树挡住了牵引索，再度迫使缆车不能落地。就在杨树要冲走、严重威胁缆车和人身安全的千钧一发之际，李进宗同志指挥车上同志用备用斧头砍断牵引索,才撤回缆车,避免了一场事故。这时水位已趋平稳,全站同志各就各位抢测峰顶。在仅仅十几分钟的时间内,迅速投放5个浮标,测得了峰顶,取得了实测最大洪峰流量2860立方米/秒的胜利。

站长带头　协力奋战

李进宗同志任油房测站站长,在测站这个独特的小集体中,他做领导工作多年,深深体会到身教胜于言教,以身作则,带头实干是团结同志取得胜利的法宝。油房站4名职工,有两名新职工,其中女职工郭舍强同志1981年汛末才调来,对测站工作一时还不适应;另一名苏增富同志是1982年初接班顶替而来的,文化程度较低,对水文工作很生疏。站长李进宗同志和青年技术员崔和润是站上的骨干力量。他们深知,测站就和部队一样,战斗打响必须人人上阵,一个顶一个。因此,他们对这两个新同志言传身教,注意培养。具体做法是"一带一,包干负责"。李进宗和崔和润在工作中除独当一面外,各带一个徒弟,任务明确,责任具体,帮有对象,学有师傅。苏增富在参加工作的短短几个月内就学会了水位观测记载、含沙量取样处理、缆车测流等技术。郭舍强也较快地适应了测站工作,熟练地掌握了平板扫描浮标、雨量观测和水情拍报等技术,为迎测"82.8"特大洪水创造了条件,奠定了基础。

油房站的同志都知道李进宗同志患有胃病,天阴受凉常常疼痛,但他从不爱声张。"82.8"特大暴雨洪水发生前后半个月时间,洪峰连续出现,吃饭迟一顿,早一顿,有时顾不上吃又得接着干。李进宗同志胃病发作了,疼痛难忍,但他用手紧压着腹部坚持工作。站上的同志们劝他休息,可在关键时刻又离不开他,心里都感到难过,怎么办呢? 他们各自暗下决心,抢着多分担点工作,让老李少操一点心。崔和润同志年轻力壮,从不考虑什么分内分外,哪里有困难就在哪里上。几天不分昼夜的连续测报,站上吃饭无粮,测洪物质需要补充,他毅然涉水往返2.5千米远的郑庄公社去购粮食、铅丝和煤油等物资。郭舍强为了守候洪水,索性和其他同志一样在浮标房的禾草上休息。苏增富同志也抢着值班。人心齐,泰山移。就这样,在老站长的带动下,人人上阵,大战洪水,直到取得最后胜利。

群专结合　战胜特大洪水

测站的工作,季节性很强,平时三四个人完成任务不觉很难,大水来了就深感人手不够。在实践中,油房站悟出一个道理,正如毛泽东同志所论述过的:"兵民是胜利之本。"正规军必须和民兵武装相结合,测站工作也必须依靠当地群众,取得他们的支持。几年来,油房村有4位村民在站上当过临时工,受过测洪训练。油房站非常重视这支力量,每年汛期都会与他们联系,必要时请他们帮忙。为了把迎测特大洪水计划落到实处,使这支力量确实能够做到"召之即来,来之能战,战之能胜",1982年制定《测洪方案》时,就把这支力量列入计划,确定工作岗位,明确具体任务,参与测洪演习,从思想做好了充分的准备。"82.8"特大洪水到来时,油房村这4位村民奉召应战,机动灵活,听从指挥,同站上的同志团结努力,为测报洪水做出了贡献。站长李进宗同志深有感触地说:"水文站的季节工还是就地召用好,便于联系,便于工作。"

油房水文站虽取得上述一些成绩,但在工作中仍有不足之处。在党的十二大精神鼓舞下,他们继续找差距,订措施,为开创水文工作新局面和"四化"建设继续做出贡献。

(本文原载1984年水利电力出版社出版的《战斗在水文战线上》第4辑)

水文站的老少爷们

王 俊 卿

故事，从7条汉子和一盘炒鸡蛋说起。

1993年8月4日，一场百年不遇的特大暴雨劈头盖脸地砸在山西省沁河的上游。接着，一场百年不遇的特大洪水踩着暴雨的脚后跟咆哮而至。刹那间，多年来一直裸露着胸膛、在干旱季节常有断流之厄的沁河，竟像一头囚禁蛰伏多年的怪兽一般突然冲出樊篱，挟着满腔怒气，带着一身疯狂，不顾一切地顺流猛扑过来。那翻着泡沫、卷着泥沙乱石的巨浪，仿佛怪兽一样，贪婪地张着血盆大口，东摇西晃一路乱咬，沿河桥梁、堤岸、输电通信线路随之坍塌、决口、倾倒；那横冲直撞的浊流，又好似怪兽的利爪，左撕右扯，肆无忌惮，转眼间扑向河滩，伸向两岸，于是村庄被困，工厂被淹，城镇陷入汪洋……北方山区的洪水，来得猛，去得也快，可就在它这一来一去的几天里，却为身后的这片土地留下了遍地狼藉的灾后景象。

这是洪水退后的第二个中午，在离沁源县与安泽县交界处不远的一个小镇上，路口的几家饭店门前显得热闹非凡。虽说刚刚经历了一场严重的水灾冲击，那洪水浸泡过的痕迹还在店前一尺多高的地方散着潮气，但却没有太多的影响到地处通衢的饭店继续做生意。几位外地做生意的客商进来了，要酒、要菜；一群公路局抢修道路的哥们进来了，要吃要喝；又一帮电业局栽杆架线的线路工来了，上啤酒白酒……这时，正在门口招揽顾客的饭店伙计看到公路下边很远的河滩里正有一行人影向这里移动。离得远，看不清他们是干什么的，却隐隐约约地看到他们中间有的提着箱子，有的背着行囊，有的肩上好像还扛着挺长的东西，正跨过遍布卵石的河床，踏过杂草横生的小路，深一脚浅一步地绕上公路，朝着饭店门前走来。他们中间老中青都有。老的两位，年龄约在60岁左右，其中一位的头发都花白了。有两位年约40岁左右，其余的都是20多岁的小伙子。看他们的衣着，中山装、夹克衫、西装各不相同，却都是皱皱巴巴，身上沾水迹，鞋上带泥巴，有的还挽着半截裤腿，再看他们一个个满脸疲惫不堪的神色，就知道这是一群饥肠辘辘的顾客临门了。

"几位是要吃饭吧?"

"是的,有什么饭?"

"咱这儿冷拼热炒煎炸烹煮齐全,米饭面食酒类饮料应有尽有,快请进!"伙计以他职业性的敏捷和热情把几位客人拉进并不宽敞的店内,并开始忙着收拾一张空桌上的杯盘碗碟。不一会儿,就麻利地递过一份菜谱:"吃些什么,请点菜!"

这帮人并没有谁去接那菜谱。其中一位大个子白净脸的中年人询问地看了大家一眼:"怎么样,来点儿面吧?"

大家点了点头。

"好,一人两碗炸酱面。"

"菜呢?"伙计不甘心地用手掂了掂手中的菜谱,又问。

"那——"中年人犹豫片刻,下了决心似的:"那就来一盘炒鸡蛋吧。"

他的话刚落音,伙计手中那正掂着的菜谱忽然停住不动了。原先满脸的热情也在瞬间变得冷淡。他以不屑的眼光瞥了几位一眼,然后拉长了腔调说了声:

"知道了。七个人,一盘炒——鸡——蛋。"

声音不高,却由于怪腔怪调引起了店内所有客人的注意。顿时,热闹的喧哗声暂隐,几张桌子周围正吃喝的客人,把轻蔑的目光投到这群衣衫不整的人身上。

饭端来了。咚!咚!咚!14碗炸酱面一声重一声轻地放在了7位客人面前。

"菜呢?"

"咳,不就一盘炒鸡蛋,急啥?这么早上来还不够一人一口呢!等等吧。"

"你……"中年人气得脸色发白,胸膛起伏。

"算了。"那位头发花白的人按住了他的手:"咱吃咱的,吃完还有好几个观测点要跑呢。"

"吃!"其他几个一边说着一边端起了碗。

这时,一盘黄黄的炒鸡蛋冒着热气放在了7个人中间,但正在稀里哗啦吃面条的7个人都像没有看到一样,谁也不去瞧它一眼,谁也没有去动它一筷子。

几分钟过后,14碗面条一扫而光。花白头发的那位说了声:"走!"7条汉子连忙起身,背起行囊、提箱,扛起那被帆布包裹的家伙就走出了店门。

在他们坐过的那张桌子上,只有那盘谁也没有动的炒鸡蛋孤零零地待在那儿。

好一阵,有人才发出议论:

"这群人是干什么的？他们拿的那些玩意是干啥的？"

"哎哟！我知道了。"忽然，喝啤酒的电业局线路工中间有一位拍了一下脑袋，"是水文站的！"

"哦，是他们啊！"饭店老板一幅见多识广的样子："这就是在河边住着最破烂的房子，每天在河上看水深浅，在河中间吊斗斗上爬来爬去的那些人吧？怪不得，我听说前几天刚发完大水，他们省城的专家就下来了，专拣那下大雨的山沟里钻，一会儿下水去量算，一会儿到沟里去访问，连人家下雨时放在院里的桶、盆、罐子，甚至是茅房墙上的尿盆子接了多少水都要算来算去。也不知道闹个甚？"

"那是收集水文资料！"线路工这时却表现出一种专注的脸色，"这些人的贡献可了不起，就拿这次洪水来说吧，沁源县城进水，安泽县被淹了2/3，可没死一个人，这可是他们冒着生命危险测报水情的功劳哩……"

一席话，说得店里的人全都肃然起敬，大家不约而同地举目向门外张望，只见七条汉子早已拐过公路，跨过河滩，向着对岸长满松柏的山沟深处走去。他们留在河滩上的是一行深深的脚印，似乎在向这山这水讲述着前不久这帮水文站的老少爷们儿在狂涛中搏击，在暴雨中苦战的壮举。

1993年8月4日上午6时左右，一阵降水量约有7毫米的阵雨噼里啪啦地下过之后，近几天心弦一直绷得很紧的孔家坡水文站站长李先平更加警觉起来。这是一位个头不高，留着寸头，脸色微黑的中年男子。如果要从他的面相上找特征的话，那两条浓黑的眉毛和鼻翼较宽的鼻头大概能给你留下质朴中藏着倔强、敦厚里蕴涵机智的印象。此时，他刚招呼小药和小田测完流量，打发他们回站整理数据，自己却一个人爬上打滑的河岸，走上浮标房旁边那座与对岸孔家坡村相连的吊桥。人一走上那搭在钢丝绳上的木板，整个桥身就左右摇个不停，但他却像钉在那里一样纹丝不动，只是举目眺望，两道浓眉在眺望中挤得越来越近，挤得宽阔的额头上显出几道深深的横纹。

上游的天空，云越积越密，越来越黑，眼看就要和自己头顶上的这片刚晴不久的天空连成一片。凭着多年水文工作的经验，他预感到一场更大更猛的暴雨正在酝酿，再转身朝下游望去，他额头上的横纹得更深了。在水文站观测断面两侧，附近农民不顾省政府和水利厅的三令五申，任意栽种的树木和高秆作物密密匝匝布满河道。再往下，县焦化厂的厂房又侵占了1/3的河道……万一山洪暴发，断面内的观测受影响不说，它们阻滞泄洪，抬高水位所积蓄的山水，将会给两岸和下游河段带来多大的具有毁灭性的冲击力啊……但他的这

种想法能说给谁听呢?想到这儿,昔日一个个使人尴尬的场面又出现在眼前:

"水文站?水文站是干甚营生的?"

到地、市有关部门去办事,他碰到对方眨着困惑的眼睛不止一次地提出这样的问题。更有些办事的人员甚至把"水文站"写成"水温站"、"水瓮站"。每想到这些,李先平的心总不免有几分悲凉——作为一名省水利学校毕业的助理工程师从理论上完全能讲清楚:水文是研究水的数量、质量及其在时间、空间分布和运动变化规律的学科,除洪水雨情预报外,它的资料数据影响着国家建设的宏观决策,如公路、桥梁、水坝、铁路码头、国防工程等设计都离不开水文资料……但这一套,除了我们这些爬河滩的汉子们重视外有谁去关心?村里的农民要种地栽树发财,县里的企业要盖厂倒垃圾,这宽阔的河滩正适合,连省政府的通告都可以视而不见,你水文站算老几?人家大工程要上马,去总站抄现成数据就行,至于这基层水文站的工作与那些成果有什么关系,自然很少有人去关心了。于是,这项从理论上讲极其重要,实践中必须由具有奉献精神的人去干的工作就成了谁也不关心的可怜行业了。李先平和他的同事们算是深得此中三昧。工资低得可怜,奖金几乎是零倒也罢了,谁让咱干上了这么一行?可这工作条件也实在有点惨不忍睹。现在,当国外同类工作早已进入无人自控遥测之际,我们这个条件不算太坏的水文站却仍住在河边1950年盖起的几间没顶棚的破平房里,冬天下河破冰测流,夏天趟水取样。水大时,仍然在横架于河面的吊箱扔浮标……最头疼的是经费。每当汛期将近,各种设施亟待维护之时,那笔只有几千元的费用老是下不来,我们的哥们儿只好拿出自己可怜的工资,先去购买站上急用的材料……

刚想到这儿,天边一道雪亮的闪电划过,随之一声沉闷的雷声从不远的地方传来,沉思中的李先平连忙摇摇头,把刚才脑海中的感慨甩掉,再向上游天空望去,那儿,云更浓、更黑、更重了。他已预料到,一场空前猛烈的暴雨即将来临,随之而来的将是一场难以预计其强度的洪水……于是转身走下吊桥,小跑着回到那座被农民新盖的小楼包围着的水文站院内,把他的3位部属召集到墙裂顶漏的办公室,神色庄重地宣布:"大家知道,今年省水文总站预报汛期,本区域雨量要比历年多三四成,7月下旬以来雨量偏多,流域内山林土壤蓄水已近饱和。今天上游浓云密布,结合昨晚电视台卫星云图和天气预报,很有可能会降暴雨,雨后必涨大水,都要测得住,报得出……"

其实不用他说,这三位——助理工程师张志贤、技术员药世文和顶替殉职的父亲、已在水文站干了十几年的田文罡,早已根据天气预报做好了准备。只是,老天爷像有意跟人捉迷藏似的,整整一夜都摆出山雨欲来的阵势,却直到后半夜才开始下雨。水文站的人有种职业病,夜间下雨就失眠。这一夜虽也轮流躺躺,但谁也没有合眼。5点钟李先平出去看了看自记雨量计纪录,发了雨情电报。望着像铅一样的天空,凭经验判断,这大雨肯定下到上游了,于是又向哥儿几个安排:

"再检查一下各种仪器设备,按分工守候观测。"

4日11时,看着河水就像敌方偷袭的伏兵一样突然冒高了1米,6分钟后,已涨到2.96米,流量达到250立方米/秒。看来老天爷这回玩的是"明修栈道,暗度陈仓"的把戏。

12时30分,沁河水流量已超过了1983年成灾的613立方米/秒,但其势仍如出弦之箭,呼啸而上,站内与外界联系的电话已经冲断,每次水情变化只有靠张志贤骑自行车跑到4千米的县城邮电局去发报。

洪水又冲上来了。

"轰!呼啦——"浮标房前的那座连接两岸的吊桥在洪水的撕咬下挣扎着扭动了几下,然后,它那粗重的钢丝绳就像被利刃斩断身躯的巨蟒一样,被冲得无影无踪了。常年生活在干旱山区,从未见过大水,正聚在两岸兴高采烈地观看着飞流激浪的老乡们见了这种惊心动魄的场面,人人面如土色。不由都"哎呀"一声,纷纷逃离河边,各自向家中跑去。可李先平这位不会游泳的旱鸭子,却帮着站上唯一会在水中扑腾几下的田文罡爬上横架两岸的索道吊车,一个接一个往急湍的洪流中投放测流浮标……

半个小时后,咆哮的沁河水又猛然上窜,水位又冒上2米多,咕嘟咕嘟地灌进了岸坡上的观测房,全部人都被困在里面。李先平见状立即发令:"镇静!现在大家谁也不准离开我!今天的洪水肯定超过1896年最高洪峰,这资料非常珍贵,大家的一切行动都要听我指挥……老张,你先出去发报,现在流量为1300立方米/秒……"

张志贤冒雨中蹚着没膝的洪水向岸上的公路跑去……

16时30分,洪水再次向沁河两岸发起疯狂的冲击。站外的电线杆接二连三倒伏,巨大的变压器被这倒地的电线牵动移位,断电了。水文站附近已是一片混浊的汪洋,连站外的水井也被洪水掩盖。河水正像一群冲破牢笼的野兽,狼奔豕突、瀚瀚漫漫地肆意撒欢,主河道中无数的树木、房梁、油桶、汽车轮胎,在2米多高的浊浪中翻着跟头向下游冲去。观测断面上的水尺一扫而光,站上所有的测洪设备已都无法使用。于是4条汉子赶忙设临时水尺,每6分钟测一次水位,水位最高时,每3分钟记录一次。他们盯住水中急速而过的漂浮物,利用这特殊的天然浮标测流。当最高水位出现并超过了1896年历史最高调查洪水位时,李先平深知这场洪水对下游沿河两岸人民将会造成巨大的灾难,水文工作者的责任感命令他,必须立即向安泽县以及省、地等防汛指挥部门报告,做好抢险准备。尽管当时测洪人手还不足,他还是安排了一下伙伴们的洪水观测工作,毅然冒着大雨,骑上小田的破自行车奔向县城去发报,及时报出了最高水位805.55米,最大流量2000立方米/秒的重大汛情。这已经是他们与洪水搏斗中发出的第14次紧急汛情电报。从早上11时开始,几位男子汉除了去邮局发报,谁也没有离开岸边,好像谁也不知道汹涌的恶浪随时能把人席卷而去,心里只有两个念头"测好、报准……"饿了,吃几片面包;渴了,有文罡媳妇用脸盆接满烧开的雨水,再跌跌撞撞地送到河岸上……直到5日凌晨,站上的4位男子汉三天两夜未曾合眼,浑身上下尽是泥浆,这时候,水位已经开始平稳地下降,这4条汉子肩上的担子却丝毫未减,他们一面抓紧时机恢复水毁设施,以防后续洪水的袭击。另一方面又承担起救灾的任务,因为洪峰过后,沁河两岸的桥梁冲垮,人们无法渡河,而水文站对岸的孔家坡村正是这次受灾最严重的村庄。省里、县里的领导和从各处调来的救灾物资要过河,只有动用站上那飞架两岸的索道观测吊桥。于是,吊车一趟又一趟地送人送物。其余的人继续拿着流速仪,站在水边监测河水的完整过程……

这时,却发生了一件令人啼笑皆非小事:站上的弟兄们在观测水情的同时,用他们的测验工具——吊箱,一趟又一趟为对岸运人运物忙得马不停蹄,挥汗如雨,这本也是义不容辞的事,可当李先平要乘吊箱去对岸了解一下水情时,一位地方大员却沉下脸来发出命令:"不许你上,这儿听我指挥!"

尽管刚刚不久省里和县里的领导还一再表扬水文站的工作为减轻灾情做出突出贡献,尽管他明知这设备是水文站的专用测验设施,可这土地爷实在是飞扬跋扈惯了,根本不把水文站放在眼里。而李先平心里却想的是除了救灾外还有自己更直接的责任——水文资料。他望着对方蛮不讲理的傲慢神色,不由想起往日的一些事情,站上的设施常被附近的农民偷窃,缆道钢索被砍断用在井上,测水标尺被挖走配在小四轮的马槽上。可站上一找他们,他们不是说站上没有酒菜招待,就是训斥你证据不足不予理睬。现在看他们用着水文站的设施,却对设施的主人这样不讲理,不由得冒起火来:

"你闹清楚,现在是洪水未退,这站的事我指挥。这设备既要帮助救灾,又不能耽误我们测量!"

两人因此争执起来。

操纵吊箱的田文罡当然要服从站长的。那位土地爷怒不可遏,大发雷霆。倒是县里的一位领导过来了,让他服从站上的调度,这才完事。不过他在悻悻而去之时,却甩下一句话:"哼！小小水文站,等以后再与你们算账!"

李先平知道他说的什么——水文站站房及观测断面所占土地,本属国有财产,但附近农民、包括当地的某些官员根本不把这当回事。站上的属地内他们任意种植、盖房,严重影响到站里的工作不说,竟连站上通往观测房修条小路,人家都要站上出买路钱。为了明确站上的土地产权,他们曾根据文件找到当地有关部门,好容易人家松了口答应研究,却没料到又冒犯了这位"地方官员"。幸亏县里的领导把这一切都看在眼里,并拍着李先平的肩膀安慰道:"咳,别理他。我们县里这回理解了你们的工作,站上以后有事可以找我。"他的心这才安稳了一些。

李先平望着那波涛汹涌奔腾而下的沁河水,望着河岸上那平时为观测水位而设、此时正为对岸农民运送救灾物资而往返如梭的索道吊车,不由又想起曾遇到过的一些冷漠的面孔发出的一个啼笑皆非的问题:"水文站? 水文站是干甚的?"

"啊! 水文站是干甚的?"你们看吧,好好地看吧——在那些穷乡僻壤的站内,附近村民因不耐其苦纷纷往山下搬,可我们的职工却往山上迁;有的站内只有两名职工,甚至一名职工,几十里不见一个人影,可他必须长年累月守在这河岸,白天黑夜地观测,连个说话的也找不到,只能听到狼嚎狐鸣;有的站上,河里的水污染得牛羊都不喝,可他们在这里却终年以此度日……就是在这种条件下,一群有学历、有职称、有技术的老职工为水文事业奉献了大半生。即使退休离职后,他们的心仍然牵挂着这河、这水,一旦工作需要立即披挂上阵。这是一种何等的高贵品质啊!

好兄弟,好哥们儿! 谁说我们窝囊,让那些愚蠢无知、利欲熏心的人见鬼去吧! 咱这些干水文的老少爷们儿,是在为共和国大厦的基础浇铸坚石,在为人类社会的明天奠基打桩啊!

但,河滩上,水文站的老少爷们儿的奉献,已把这种感情、这种情怀,默默地传给山,传给水,传给所有良知未泯的人们。

(本文节选1993年12期《火花》·《水文站的老少爷们儿》)

特大洪峰谱新歌

——石梁水文站勇敢战胜特大洪水记

1976年8月20日下午，浊漳河上游乌云密布，雷鸣电闪，顷刻间风雨交加。17时，上游蟠龙雨量站来电，1.8小时降雨72毫米。雨情就是水情，预示着一场大的洪水即将来临。为了确保战胜洪水，石梁站的同志迅速展开了抢测这场洪水的准备。

雨夜的天空，漆黑一片，伸手不见五指，由于风狂雨大，加之站里失去了照明和动力，这无疑为洪水抢测增加了困难。但站上的同志个个坚守岗位，密切注视着河道水情的变化。然而，24时过去了，洪水仍未来临，同志们焦急的心情，犹如变化频繁的河水不能平静。

21日零时36分，水位突然由901.37米上涨到901.70米，转眼间，凶猛的洪水如同万马奔腾，滚滚而来，丈余高的浪头一浪高过一浪。面对凶猛的洪水，全站同志临危不惧，积极投入到了这场洪水战斗中来。接着，摇机工小张、在站实习的省水利学校程香儿和李纽明两位女学员相继赶来；在石梁村居住的分站职工程歧山同志，心里一直惦记着石梁站测流的事，他索性从床上起来，也冒雨赶来了；为站上专门提供无线电台服务的太原市电信局报务员小李、小马两位同志，看到站里的人手不够，主动接送起电文，自行摇机发报。

洪水在急骤猛涨，它似猛兽，吞没了断面索，冲毁了水尺桩，水位很快超过了历年实测最高水位，一场特大洪水出现在浊漳河上，石梁站的同志面临着一场严峻的考验！

凌晨2时30分，水位涨到904.40米，洪水以排山倒海之势扑向断面，随时有吞没观测房的危险，也严重威胁着同志们的生命安全。然而，石梁站的同志们此刻已将生命置之度外，他们团结一致，密切配合，沉着迎战，为测好每一个测点，时刻准备付出最大的代价，省水校实习的两位女学员，英姿飒爽，为抢测特大洪水尽最大的努力。

抢测最大洪峰的战斗打响了！测验断面上下抢测洪水的口令声和洪水的咆哮声交织在一起，汇成了一支雄壮的交响乐，响彻在浊漳河的上空。突然，巨大的波浪吞没了一个个大浮标，使测验遇到了困难，申龙庆同志很快将做好的特大浮标送来，保证了测验工作的正常进行；夜黑浪高，影响了基本水尺水位的观测，杨兴斋与程歧山同志立即手拉手，组成了一道人墙,较准确地观测到了水位;摇机工张书龙同志在慌忙中不幸被钢筋扎穿了脚掌,但他还是强忍着疼痛,将最大洪峰抢测完成……

在全站同志坚强努力和电台报务员、摇机工和省水校实习学员的大力协助和配合下,石梁水文站圆满完成了这场大洪水的测报,测得洪峰流量为3760立方米/秒,刷新了石梁站实测最大洪峰流量的新纪录,谱写了晋东南水文史上一曲胜利战歌。

(本文来源于分局档案室,作者不详。选用时有一定删改)

直挂云帆正远航

——长治水文分局创新工作理念改进工作作风纪实

晋义钢　　杨建伟

2009年4月，山西省水文水资源勘测局调整了长治水文分局领导班子。新班子紧紧围绕我省"大水网"建设和水文工作的"三个发展"，不断创新工作理念，改进工作作风，凝心聚力，开拓创新，扎实工作，使长治分局各项工作都取得可喜的成就，呈现出基础设施快速改善、内部管理日趋规范、技术支撑能力继续增强的良好态势。长治水文在新的历史起点上，正豪情满怀，扬帆远航。

一、按照科学发展观要求，创新工作理念，用新的理念指导新的实践

随着改革开放和经济社会的不断发展，水文作为一个基础性行业，必须为经济社会科学有序发展提供及时可靠的服务。因此，水文工作必须坚持以科学发展观为指导，创新工作理念，树立"大水文"观，在做好传统工作的同时，不断拓宽服务领域，面向全社会做好服务，服务对象除围绕水灾害与水工程外，还要扩展到水资源、水环境、水生态、水安全、水景观、水功能等诸多领域，以满足经济社会发展的需要。李爱民走上长治水文分局局长岗位伊始，审时度势，深入基层，深入实际，走访长治、晋城两市政府有关职能和涉水等部门，就如何做强做大长治水文事业调查研究，广听意见，确定了当年及近期工作思路，即：抓住"一个中心"（做强做大长治、晋城两市水文事业）；坚持"两个有利于"（有利于长治、晋城两市水文事业的发展和有利于长治分局全体职工的根本利益）；优化"两个环境"（创造一个宽松的外部环境和营造一个和谐的内部环境）；守住"两条防线"（政策红线和道德底线）。在此基础上，分局领导班子因地制宜，结合长治、晋城两市水资源属我省相对富水区、水利工程众多、发挥水文技术优势大有潜力等特点，提出了"十项重点战略项目"。这一涉及管理机制、技术服务、科技创新等多内容的战略规划，充分体现了新一届领导班子的执政理念和做好长治水文事业的信念与追求，对于推动长治水文又好又快发展产生了深远的影响。

2010年和2011年，为保证我省兴水战略建设顺利实施，长治分局不断创新工作理念，调整工作思路,按照我省水文工作"三个发展"的要求,将工作思路调整为"围绕水利中心,服务社会大局,增强能力建设,积极稳妥推进长治水文工作全面协调发展。"和"以科学发展观为指导,深入践行'大水文'发展理念,围绕我省转型跨越发展,以加强水文水资源监测体系建设为基础,以提高预测预报预警能力为重点,以提供全面优质服务为目标,为我省大水网建设和经济社会发展提供有力支撑。"

按照新的理念和思路,结合工作实际,在后两年的工作中,长治分局再度推出了"三大举措"和"五项机制"。实践证明:确立一个科学、先进的工作理念或工作思路,制定相应的"举措"和"机制",对于科学把握工作中心、保证各项工作顺利完成至关重要。长治分局正是有了这样一系列科学、先进的工作"理念"、"举措"和"机制",才使得三年来的各项工作齐头并进,多项工作在全省水文系统名列前茅,曾先后被评为全省水文系统"先进集体"、中共长治市直工委"先进基层党组织"等荣誉称号。

二、把握大局和重点,做好水文第一要务,在"大水网"民生水利建设中发挥好水文部门的重要作用

水文测报是水文工作的第一要务,水雨情测报是水文工作的重中之重。三年来,长治分局将地面水、地下水、水质"三水"测报、尤其是水雨情测报工作,当作第一要务予以高度重视,全力应对。据统计,每年仅测报、收转水情电报可达22800余份、发送手机短信3000余条、编写《水情快报》150余期、月报24期,特别是开展的手机汛情短信服务,受到长治市副市长、市防汛抗旱指挥部总指挥许霞的肯定和赞扬。为确保安全度汛,长治分局采取了一系列措施:一是启动水情会商机制,组成由总工、水情、站网等部门负责人组成的7人会商小组,以会商形式集体研判水情,科学决策,以指导水雨情测报和突发性水事件的应急处置;二是进一步完善了突发水事件的应急机制,购置了测验仪器设备和救生器材,并组织了突发性水事件应急演练,以检验和提高对突发水事件的应急处置能力;三是组织分局机关干部支援测站汛情测报工作;四是鉴于分局人员严重缺编问题,在汛期实行了"5+1"工作制。

在2010年8月18日至19日,晋东南地区北石店、杜河水库和沁河上游蟠桃凹一带分别出现203.0、188.0和120.8毫米暴雨和特大暴雨汛情时,长治分局紧急启动二级应急响应:分局局长李爱民靠前指挥,坐镇水情值班室,随时了解天气状况和雨水情况,并视情况随时组织24小时滚动式水情会商;应急小组成员和全体职工全员在岗待命;各水文测站进入临阵状态,全力做好水情测报工作;进一步加强水情值班,增加值班人员,保证信息畅通,将每小时采集到的雨情信息,在第一时间传送有关部门及领导。及时、准确的汛情,得到省委、省政府和省防指、省水利厅、晋城市领导的高度重视,为遭受特大暴雨袭击的北石店刘家川千余群众和20余名遇险乘客得以安全转移和解救赢得了宝贵时间。

长治分局还利用技术资源与优势,为驻地提供实时、便捷的技术服务。在2010年8月9日凌晨武乡县东部山区一带发生暴雨洪水后,为及时、准确了解这次暴雨范围、洪水流量,为当地防汛减灾提供技术支撑,分局当日上午就组成调查小组,赶往100多千米外的武乡墨镫、蟠龙一带开展雨水情调查,当晚10时,就将调查结果反馈给正在研究灾情的武乡县常委会议,为该县抗洪救灾工作提供了技术支持。

农村饮水安全工程,是政府实施六大兴水战略之一的民生工程。长治分局将这一项任务列为年度工作的重要内容,作为一项重要工作来抓。2009至2011年3年间,长治分局共为省、市两级农村饮水安全工程采集、检测水样900余个,为保证农村饮水安全,党和政府的民生水利真正惠及农村千家万户尽到了一份应尽的责任。特别是在2010年承担了农村饮水安全集中供水工程547个水质监测任务后,在该次检测任务占全省1/4、工作量为分析室年工作量4倍之多的情况下,全分局干部职工以"宁愿吃尽千般苦,换来百姓夸政府"的饱满政治热情和强烈的责任感,积极投入到这一工作中来。局主要领导亲自运筹部署,周密安排,协调水样采集事宜,深入分析室了解、指导水样采集、运送、监测以及分析计算工作,确保这一工作顺利进行;承担监测分析的同志,不辞劳苦,废寝忘食,挑灯夜战,连续一个月每天工作都在10个、甚至十几个小时以上,国庆7天长假仅休息了1天,保证了这一任务如期圆满完成。

长治分局围绕我省兴水战略,在完成了《长治市水资源评价》和部分县级《水资源评价》项目外,还开展了数十项关乎民生的《长治市水污染控制与生态环境保护研究》、《长治市灾害性洪水预测预警系统研究》、《辛安泉域水资源动态分析预测预报》研究与技术服务项目,与长治市水利局合作完成了《长治市抗旱规划》、《长治市水资源开发利用干旱年份需水预测》编制。自2010年年末以来,已完成或正在完成的有潞城、平顺等5县、市《山洪灾害预警方案》编制工作。

三、加强基础设施建设,积极开展科技创新,为新时期水文事业发展奠定坚实基础

2009年至2011年,长治分局共完成基础设施建设、主要仪器设备和办公用品投资额800余万元。一方面用于沁源水文站业务办公楼、后湾水库站标准化站房建设、分局办公楼维修改造、105处固态存贮雨量报汛系统软件开发以及电脑、服务器、扫描仪、电波流速仪、全站仪、电子天平等设备的购置。其中沁源水文站业务办公楼建设项目已全部完成,具备验收条件;后湾水库站标准化站房建设目前已完成工程主体建设;先前完成的包括400余平方米水质分析室的分局办公楼维修改造并于2009年通过省局验收。另一方面是在已完成66处雨量自动报汛站改造工程基础上,对其余40处雨量站进行改造升级,至2011年底,长治分局所辖105处雨量站全部实现自动测报。同时,分局还以"共管共享"形式,接受晋城水利局38处雨量自动报汛站委托管理任务,使长治分局实际拥有雨量自动报汛信息站达140余处。

2011年7月,由长治分局和长治市精卫琪达科技有限公司共同开发研制的流量测验计算存储器(以下简称仪器),在静乐水文站通过省局技术鉴定。技术鉴定组通过听取研制单位汇报、观摩现场试验、讨论质疑后认为,该仪器具有流量测验过程中过水断面数据和流速仪参数输入、存储、更改、删除、流速数据自动采集、查询功能,与计算机连接,可输出流量测验计算表,适用于多种类型流速仪测流及浮标测流有关数据的存储,与流量计算软件配合可输出流量测验计算成果。在测验时能够取代秒表、音响器、人工记录和计算,可节省人力,降低测验计算错误率,与国内同类仪器比较,功能更为齐全。该仪器技术性能稳定,操作简单,计算存储数据准确,符合部颁《水文测验规范》技术要求。该仪器验收和在我省推广使用后,对于减少基层测验人员劳动强度、提高水文测验精度与资料质量、推进水文测验现代化具有十分重要意义。

资金投入力度的加大和基础设施改善,不仅为长治水文事业的发展创建了规范、整洁、舒适的工作环境,更重要的是增强了事业发展动力和服务于经济社会建设的功能。

四、改进工作作风,构建和谐水文,全面推进长治水文又好又快发展

在确定2009年基本工作思路中,其中"优化两个环境"中的"营造一个和谐的内部环境",其内涵指的就是强化行业管理,构建和谐水文。为此,三年来长治分局着重抓了以下几点。

一是以加强民主作风建设为切入点,为水文事业凝聚干部职工正能量。发展是硬道理,作风是硬条件,长治分局以民主作风建设来凝聚干部职工做好工作、干好事业的强大合力。首先是积极推进领导方法合理化和领导决策的科学化,在重大事项决策上,坚持民主议事制度,严格执行决策程序,必要时召开扩大会议研究决定。比如在制定分局工作基本思路或决定一些重要事项时,做到不经集体研究的问题不决策。其次是充分让干部群众参政议政。比如党员和群众在党员民主生活会上提到的问题,特别是一些建设性的问题,组织专人进行了梳理和归类,提出改进措施,明确整改期限,并将其公示于众,直到把问题解决,使职工群众关注的每一件事情、每一个问题都力求得到解决,取信于民。第三是在政务上全部实行"阳光工程",在沁源水文站业务办公楼建设、分局办公楼维修改造工程中,均按照有关规定进行招标或议标。在近三年推荐和提拔的多名科级、副科级干部及年度评选先进时,全部实行了公开民主测评,受到了干部职工的好评。

二是以文明创建活动为载体,为推进长治分局各项工作任务提供精神动力。自2008年分局机关进入长治市市级文明单位以来,我们在文明创建活动上一直坚持"深化、完善、巩固、提高"的八字方针,不断加大创建力度,提高创建水平,坚持物质文明、政治文明、精神文明"三个文明"一起抓,通过引导干部职工参与《庆建党九十周年,扬廉洁从政新风》与《党史知识竞赛》等活动,以提高干部职工队伍政治素质。同时,通过外出考察、文体活动、体检以及改善福利待遇等方式,以陶冶职工情操,凝聚职工力量,激发职工热情,营造文明、和谐、积极、向上的工作氛围。作为文明创建活动的延伸,分局办公室和沁源水文站还开展了"青年文明号"和"工人先锋号"创建活动,并通过了团省委的检查验收和省总工会农林水工委授牌。

三是以安全生产为原则,为事业发展提供稳定的政治环境。三年来,长治分局坚决贯彻国家有关安全生产和我省水文工作"三个发展"的精神,将安全生产列入年度工作的重要议事日程和《工作目标责任书》考核内容,明确了安全生产、保卫工作的职责,在全分局上下形成了主要领导带头抓、分管领导亲自抓、各站站长具体抓的上下齐抓共管的良好工作局面。每逢较大节假日,分局领导都要布置安全保卫工作,分局、测站实行24小时全天候值守,并明确带班领导。由于领导重视,措施得力,三年来无论分局还是测站,均未发生任何人员伤亡或国家财物与资料被损、被盗等问题,实现了安全生产、保卫工作零事故。

四是以"创先争优"活动为契机,注重发挥党支部战斗堡垒作用和党员模范带头作用。自2009年7月新一届党支部换届以来,以建设团结、廉洁、务实、创新的新一届党支部为目标,积极宣传和贯彻执行党的方针政策,着力加强班子自身建设,注重对党员的教育、管理和党支部的战斗堡垒作用的发挥,有力推进了分局各项工作的顺利开展。特别是在"创先争优"活动开展以来,分局党支部以"创先争优"活动为契机,在争做"五个好"、"五带头"中,党支部成员及全体党员带头履行职责,以高度的思想觉悟与极强的敬业精神,吃苦在前,享受在后,严于律己,以身作则,敬业爱岗,无私奉献,党支部的战斗堡垒作用和党员模范带头作用,在职工群众中起到潜移默化的作用,使全分局上下形成了一个政通人和、风清气正、积极向上的良好氛围,有力地推动了长治水文工作的又好又快发展。

(本文原载2011年第11期《山西水利》)

走 进 水 文

——电视专题片《走进水文》解说词

秦 晋 宁

上:水文离我们有多远

主持人:

欢迎收看《新闻视点》。水,不仅是生命之源、农业命脉,更是人类生存发展最重要的资源。自古以来,凡治水者必先兴水文。关于水文,人们了解得很少。其实,作为一个古老的行业,水文在我国至少也有4000多年的历史。大禹治水时观测河水涨落采取的"随山刊木"(在树上刻上标记,以记录水淹的高度)做法,可以说是我国最早的水文观测。那么,水文是什么? 水文离我们的生活到底是远还是近呢?

解说:

每年6月至10月,是北方的汛期。当汛期来临,长治市水文水资源勘测分局后湾水文站站长张建安就开始了一年中最为忙碌的工作——观测水位、测验流量、报送水情信息。

与此同时,水文局水情科则将来自长治、晋城全市6个水文站、105个雨量报汛站传送来的信息进行采集、整理和汇总。

汛期的来临,让水文局上上下下绷紧了神经。

由于多种原因,水文对人们来说有些陌生,很多人对水文也是知之甚少。那么,什么是水文呢?

李爱民(长治市水文水资源勘测分局局长):通俗地说就是研究水的,从我们行业角度来说,研究水的水量、水质两方面。从观测范围说,从天上降雨到河流里面水有多少,地下水位上升、下降,都是观测研究的范围。根据我们观测得到数据,进一步加工、分析、整理,为经济社会、水利工作及各行业提供服务。

关注水、记录水、研究水,这就是水文。水文最基础的工作是观测水位的涨落,记录水量、水质的变化,因此,水文观测站点大多设在荒郊、深山、峡谷等远离城乡的地方。而水文工作的单一性与专业性,也使水文人与社会的接触不是很多。

河道旁,水流边,一支笔,一架流速仪,观测,记录,再观测,再记录。这些水边的忙碌显示着水文与现代生活的距离。然而,水文离我们真的很遥远吗?

这里是石梁水文站,正在忙着观测河道水位的是站长申天平和助手老苏。申天平在水文站已经工作了二十几年,老苏则是退休后被返聘回来工作的,石梁水文站目前就他们两个人。看似简单的工作,却让申天平和老苏不敢有一丝懈怠。因为水文站的观测,尤其是汛期,每天的数据都关联着沿河黎城、潞城和平顺3个县6个乡镇人们的生产与生活。

申天平(石梁水文站站长):石梁水文站下游有高山流水风景区,太行水乡风景区和20多个小型水电站,上游有浊漳河北源关河水库、浊漳河西源后湾水库和浊漳河南源漳泽水库,石梁水文站设在这个地方,地理位置非常重要,上游3个水库春浇或冬浇的时候泄水,要从咱们这儿经过,水文站对下边旅游景点和水电站发电、防汛起着至关重要的作用。

这条静静流淌的河水是沁河。潺潺流水、波光粼粼,美丽的沁河为沁源增添了无穷的魅力。望着平缓的河水,长治水文分局副局长药世文的思绪回到了1993年。

药世文(长治市水文水资源勘测分局副局长):当年(1993年)降雨强度大,流域范围上游平均降雨量150毫米,8月4日上游洪水就下来了,当时洪水河面宽有400多米,整个孔家坡村基本上浸泡在洪水里了。洪水到了下游临汾市安泽县城的时候,正好是晚上12点多,最深洪水有2米多深,由于我们报汛及时,使当年的安泽县没有因洪水死伤一个人。

150年一遇的大洪水冲垮了沁源的孔家坡村,淹没了临汾的安泽县,却由于水文人的坚守与责任感,大洪水在生命面前悄然让步。

药世文(长治市水文水资源勘测分局副局长):后来在抗洪救灾表彰大会上,省防办主任在大会上说,如果不是孔家坡水文站的及时报汛,今天开得可能就不是这个表彰会了。

关键的时刻,关键的测报,看似陌生与遥远的水文,在暴雨逞凶、洪水肆虐的危难之际,化解着危机,呵护着生命,水文从来不曾远离人们的生活,人们忽视它,只是因为它是基础中的基础。

侯建芳(长治市防汛抗旱指挥部办公室主任):水文是防汛抗旱最基础的基础,防汛抗旱事关人民生命财产安全,这项工作非常重要,特别是近几年来极端天气增多,局部暴雨、山洪灾害频繁,所以说水文部门提供的水雨情信息非常重要,如果他们稍微有偏差,防汛部门作出的抢险方案就有可能失误,决策失误,造成的灾害也就非常大,所以说水文测报,是人命关天的大事,非常重要。

环境艰苦,工作辛苦,责任第一,是水文工作的真实写照。从事水文工作36年的崔和润师傅在总结自己水文工作时感慨万分。

崔和润(沁源水文站站长):老百姓只知道是测水量的,比较枯燥,水文工作责任重大,可以说是重于泰山,比如上游有大的洪水,不及时报出,造成下游几百人的伤亡,那就是你最大的失职。

从水库旁的守望者,到峡谷深山的观测员,面对着生生不息的河水,长治水文人收集着永远收集不完的资料,计算着永远算不完的"水账"。不管春夏秋冬,还是阴晴雨雪,水文人顶着烈日,冒着狂风暴雨忙碌在水边,用求实、奉献的精神,认真负责的态度守护在人们的身边。

主持人:

当人们在使用水、研究水的时候,水文就在我们身边。那么,随着经济社会的发展,水文不仅在防汛抗旱方面充当排头兵的角色,而且在日常生活中开始发挥越来越重要的作用。感谢收看本期《新闻视点》,下期敬请关注《走进水文之经济社会呼唤大水文》。

下:经济社会呼唤大水文

主持人:

欢迎收看《新闻视点》。俗话说"气象管天,水文管地"。未来几天是否下雨? 这是天气预报。而下雨之后,河流、水库或者湖泊的水位会涨多高? 这就是水文预报。在古代,水文就已经为社会服务。在先秦,就有了呈报雨量的制度。如今,随着社会经济的发展。水文开始向"大水文"一步步迈进。

解说:

多年以来,水文一直是水利行业的基础工作,工作范围也基本在水利行业内部。水文的一个重要作用就是为防汛抗旱和水利建设服务。以水库为例,水库的前期建设和后期运行,都离不开水文提供的服务。

赵长泉(后湾水库管理局局长):水文对水库的发展起着重要的作用。水库在建设始初,水库建设规模多大? 大坝多高? 溢洪道泄洪多少? 都需要水文资料做支撑。另一方面,在水库的运行当中,需要水文部门提供多年的洪峰值、水文特征值以及每天的入库流量和降水情况,对水库运行管理进行相应的调整。

随着时代的发展,社会对水文的需求不断加大,水文开始由单纯的服务水利向广泛服务经济社会各个领域转变,2009年,水利部提出了"大水文"的发展理念,那么,如何来理解"大水文"呢?

李爱民(长治市水文水资源勘测分局局长):大水文理念的核心,是由单纯为防汛抗旱和水利建设服务,转变到为水资源开发利用、水资源保护以及水利各行业提供全面服务;由主要服务于水利工作,拓展到为农业、工业、交通、国防、国土等各领域以及为全社会公众提供全方位服务;由传统的行业水文逐步发展为立足水利,面向社会提供全方位服务的水文行业。

如何践行"大水文"发展理念,更好地挖掘资源潜力,走向社会,服务社会呢?

这里是长治县荫城镇一名普通农民李树森家,1972年,李树森被水文局聘为业余观测员,从事雨量测报近40年。李树森最大的感慨是测报方式发生了巨大的变化。以前报汛要冒雨观测,现在,自动测报仪则让李树森能睡个好觉了。

李树森(荫城委托雨量观测员):以前只要外面下雨就睡不着觉了,3个钟头往局里报一次。现在好了,安装了自动化测报仪,雨量观测仪器一步一步先进了,这个工作我越来越愿意干了。

从李树森家里传输出来的信号被水情信息中心的工作人员收录在了计算机里,打开电脑,长治、晋城两市的水情、雨情、墒情在这里一目了然。

从"人工测报"到"遥感传输",测报方式的进步,使长治水情信息传输速度大大加快。

点击图标,进入系统,地下水是涨是落,电脑屏幕上就能了如指掌。先进的地下水动态监测系统,为长治市地下水、辛安泉域水资源研究及规划利用提供了宝贵的研究分析资料。

在水环境监测中心,开展的水质常规及重金属、三氧、五毒、大肠杆菌等40多个项目的监测,也为水生态建设提供了重要支持,这些水文技术的发展和水文现代化能力建设的加强,是水文由行业水文向社会水文转变的重要支撑,也为长治水文践行"大水文"理念奠定了坚实的基础。

近年来,长治水文在水资源评价、地下水保护行动、农村饮水安全、水土保持、水环境保护以及为社会服务等方面大力开展技术咨询与服务,为政府决策和有关部门提供了大量科学有效的水资源监测信息,形成了"互动共赢"的良好局面。

在潞安太阳能科技有限责任公司,水文局的水资源论证项目为这家企业建设提供了技术支撑。这是长治水文局贯彻"大水文"理念,面向社会提供服务的一次典型范例。

刘亚军(潞安太阳能科技有限责任公司副总经理):我们潞安太阳能在项目建设中,涉及到水的使用和管理问题。我们是依据水文局编制的《水环境影响评价报告》来指导我们的项目设计。在项目建成、企业生产过程中,我们按照《评价报告》,依照法规科学地管理水、使用水,没有对当地的水资源造成影响。

这里是长治水文局的资料档案室,建站以来,长治、晋城两市每年的降水、流量、地下水水位、水质、墒情等资料都集中于这里,是驻地经济社会建设的科学依据。

孙团进(沁源县防办主任、水利局局长):沁源两山夹一沟,每到夏季、特别是进入汛期,人们对天气的变化、雨水情给人们生产生活造成的影响有多大并不是很清楚,但沁源水文站在这儿,能把观测的降雨、洪水流量以及涉及范围搞得一清二楚,为我们防汛提供了科学的决策依据。

不断拓宽服务领域,使水文工作从为防汛服务开始向为水资源科学有效管理服务;不断开展的水文各项工作,使水文从传统的水质监测分析开始向预防和应对城市防洪排涝、城市水环境、城市水生态建设服务。长治水文部门开展的城市排污口监测及在漳泽水库进行的藻类试点监测,实现了服务领域新突破。

目前长治市水文水资源勘测分局共设有6处水文站、105处雨量站、89处地下水动态长观站、28处水质监测站、20处土壤墒情监测站、323处地下水统测站,在全市基本形成了一个较为科学的水文测报体系。

李爱民(长治市水文水资源勘测分局局长):长治水文要积极践行大水文理念,做好统筹规划,突出重点,适度超前,做好长治水文工作,实现新时期水文事业的新跨越。

水文是一个集水文信息采集、加工、管理和服务为一体的一个行业。勘测是基础,加工是重点,管理是职能,服务是根本,而服务经济社会是大水文理念的根本所在。随着社会的不断发展和进步,正沿着"大水文"之路坚定前行的水文事业必将迈出更加坚实的步伐。

主持人:

2011年,中央1号文件明确了水是生命之源、生产之要、生态之基,是基础性的战略资源,以水资源的可持续利用来保障经济社会的可持续发展这一要求、这一定位,把水利和水文工作提高到了空前的认识高度,如何做好大水文这篇文章?水文如何更好地服务经济社会。水文部门需要做得依然很多。好,感谢收看!

(本文原载2011年第11期《山西水利》)

清泉水调查琐记

晋 义 钢

2009年乍暖还寒的三月,我与分局的李汛,来到了地处我省东南边陲的阳城县王屋山区进行清泉水调查。这里是愚公的故乡,愚公挖山的故事因《列子》的记载和毛泽东在《愚公移山》中的引用而家喻户晓,使愚公精神成为中国人民战胜困难的精神支柱。正是在愚公伟大精神的感召下,我们在深谷纵横、群峰簇拥、怪石嶙峋的王屋山区,不畏艰险、克服困难、行程千余里,圆满地完成本次清泉水流量调查任务,其间的艰难困苦,我们俩都未曾经历过。

夜 宿 山 村

3月25日,是我们到阳城的第一天,按照原来的计划,这次调查工作希望县里能给予一定的支持与配合,而到了阳城在电话里与县水资办小解主任联系时,人家则说派两个人做向导可以,若解决交通车辆问题,明确表示"不可能",这无疑对我们任务的完成造成了一定的压力。我们两个一合计,决定放弃县里"协助",按第二套方案进行。约11时许,我们联系好了一辆没有运营手续的"黑车"后,便马不停蹄地向我们的第一个目标——白龛泉进发,下午两点多钟,终于找到了白龛泉的出露处,拍照、定位、施测流量。自早上7点从长治出发,终于完成了第一个调查任务,觉得还算顺利。按我们调查点的分布情况,当天还必须完成可封、莲花泉的调查任务,否则,翌日再来就多跑路了。经过我们的努力,在傍晚时分,预定的3个调查任务圆满完成。

为节省时间、节省支出,我们决定当晚不再返回阳城,投宿董封村。车子在该村停下车一打问,还真有个旅馆,我们进了旅馆,正好停电了,黑灯瞎火,冷冷清清,问店主住一宿多少钱,店主说:"10块!"心想乡下就是便宜!上楼来到房间,用手拍拍床铺,一股灰土味窜入鼻孔,我与李汛面面相觑,摇了摇头离开了。我们在司机的建议下,又驱车数公里,来到了阳城西乡重镇——次营。次营虽然是个镇,但同样是山村,到达时已经晚上8点多钟了,我们在一家叫云海的宾馆前停下来,这是集餐饮和住宿于一体的宾馆,问了一下收费,店主告之:10元! 心想着也好不到那儿。走进房间看看,果然不出所料,与董封村旅馆的条件不相上下,枕头脏得如水泥地板一样黑,再翻开被子看看,污渍片片,使人不寒而栗。这时,我俩和司机都有点人困马乏了,站在乡村的小旅馆里,似乎别无选择。后来与店主商量,每张床位加5元钱,为我们换了被单,加了枕巾。在去关房门时,方知门上是把挂锁,门里没有门闩,我只好拖过一个衣架挡在门后,以备有不速之客侵入时会有个动静。在山村旅馆脏兮兮的床上,我忐忑不安,久久无法入睡,一会儿回想着当天翻越过的一座座高山峻岭,一会儿又想着我们小组所承担的任务或第二天的行动路线……后来又索性从床上坐了起来,清点着相机、GPS、秒表、资料夹,生怕落下什么,午夜12点了,我仍然辗转难寐,这一宿,我仅迷糊了两三个小时。

走 投 无 路

28日,我们原定的目标是去老君堂清水调查点,在驶出秋川村约20千米后,山路越来越险,坐在车里的我觉得一阵阵头晕目眩,而这样长的一段路,几乎没有遇到一个人,一路上走走停停,停停走走,希望遇到个人打问一下老君堂路在何方,究竟还有多远。还好,正在我们一筹莫展时,汽车一个急拐弯,碰上了一个臂带袖标、手提扩音器的护林员,他告诉我们:离老君堂还有10千米路,原来那儿住几户人家,现在已经没人住了。再向这位护林员说明我们的来意时,他接着说:这里有治岭不治河的说法,就是说我们这里的山势十分陡峭,人们就根本无法或无能力去治理它。老君堂你们就别去,即使你们去了也下不去! 他嘱咐我们路过驴头村再打问打问,在驴头村可能有个下去沁河的小路。行驶约2千米后,一户人家出现在我们的视线里,石头干砌的房子紧靠着山间小路,一个30多岁的女人正在一根独木羊槽前添着玉米,他的丈夫听到路边有人说话,也从屋里走出来。在提出让他为我们下沁河做个向导、并承诺为其买两盒烟抽时,那男人说什么也不肯,说是要出去放羊,没有时间。其实山里人带我们去也不行,因为汽车拐过这个大弯后,进入了老君堂清水河的一个支流,去老君堂必须绕过这一支流,按这位山里人所说,我们继续向下一个目标行进。

这是个叫后龛村的自然山庄,有十几户人家,却只遇到一位身患腿疾的老人,"拄着双拐,十分可怜,但非常热心,他两次拖着双腿来到我们车前,告诉我们到老君堂还有十几里路,但路很难走。我们绕过后兖村时,见这里有股清水,经与所带地图对照,确认是老君堂清水河的支流无疑。在司机停下来稍作休息时,我走出百十米前去探路,眼前的景象简直令我目瞪口呆,往上看是百丈悬崖,向下瞧是无底深渊,擦着悬崖仅有一米宽的低凹处,充填着干藤枯草,不远处还有一条很深的冲沟,车辆根本无法通行,即使徒步行走在上面也会毛骨悚然,心惊肉跳。我果断决定,老君堂不去了!决定是作出了,可心里还是有点顾虑,领导责怪我们没有完成任务咋办?拿起手机与领导联系,没有信号。为回来向领导好作解释,我特意在走投无路之处拍了照。之后,在老君堂上游的后兖和前坪村分别施测了流量,权作老君堂出界水量。在调查结束回来向领导汇报老君堂调查点的情况时,领导对此并未提出什么异议。不过我坚信,在调查老君堂清水流量这事上,我们已经尽了最大的努力。

饥 不 择 食

我们在阳城调查6天,24个调查点,经费3000元,如果一天完成3个调查点,我们恐怕连饭也吃不到,因为租车就是支出的一个大头,每天都在200多元。所以我们每天披星戴月,早出晚归。在28日完成了后兖和前坪两个调查点的任务、返回秋川村时,已经下午两点多钟了,早上7点钟在阳城吃得那点早点,早已消化殆尽,此时我们不仅饥肠辘辘,疲乏劳累,本以为赶到原乡政府所在的秋川村会有个小饭馆添添肚子,结果该村仅有一家小杂食店,所幸经营有方便面、面包。我们向店主协商:买几包方便面,用她的火给煮一下。店主也很爽快,马上把泥煤火捅开,锅一会儿烧开了,我们七手八脚,打荷包蛋、煮方便面,忙得不亦乐乎。也许是我们太饿了,在我们狼吞虎咽时,竟把店主小餐桌上的半碗剩酸菜也给不自觉地吃光了!在我们离开小店的瞬间,心想店主一定会为我们吃掉她的残羹剩饭而惊诧。

蟒 河 遇 阻

蟒河,是国家级自然保护区。蟒河的水清澈见底,终年不断,享有"北方小桂林"的美誉。在决定去阳城进行清水调查时,自己也不外乎有一览蟒河千峰拥黛、万壑云飘的想法,但恰恰事与愿违,在我们快要进入蟒河自然保护区时,路中央堆着一堆土,土堆上立着一块告示牌"前方道路施工，禁止通行"，我心里不禁"咯噔"了一下，蟒河能去得了吗？我们侥幸地向前慢慢移动，没有人阻拦；再走，公路上方悬崖上有人在撬岩石，时不时地有岩石滚落下来，而这样的"封锁线"共有3道。在公路上施工的值勤人员告诉我们：中午12点，施工人员吃饭时可放行2个小时，还有就是晚上7点半收工后可放行。心想这下可完了，等到12点，今天的任务还能完成吗？还好，过了1个多小时后，竟让我们10多辆车一起通过了。11时许，我们已经将蟒河泉施测完毕，我们顾不得休息，也顾不得吃饭，更顾不得观赏蟒河的秀山丽水，便急忙向茅草坡调查点赶去。中午1时许，茅草坡调查点也顺利施测完毕。为在下午2点前冲出公路除险的重重"封锁线"，我们从蟒河直接向回阳城的方向急速驶去。然而，欲速则不达，在接近第二道"封锁线"时，公路施工值勤人员拦住我们，说前方准备放炮，不得通行！此时已经快到2点了，饥渴难耐。返回蟒河吃午饭吧，又怕到时候连第一道"封锁线"也过不来，只好在饥渴中等待。直到下午3点多钟，随着"轰隆、轰隆"几声沉闷的巨响，使我们终于盼到了走出蟒河的希望。

蟒河之行，行色匆匆，公路遇阻，未能尽兴。

八　下　沁　河

本次调查，我们小组在沁河的调查点竟有8个，其中在阳城县境内5个、泽州县境内3个。在阳城之行前，曾有人调侃：去沁河调查沿着沁河两岸的水泥路，"哧溜儿、哧溜儿"跑就得了，而事实并非调侃的那样轻松，比如到苇圆岭，明明是个人烟罕至、可望而不可及的一个地方，怎么会是水泥路呢！当时，我不由得对决策这次调查者责怪起来。

调查阳城出省界水量，西哄哄、杜甲、银洞坪、老君堂、羊圈底、茅草坡……这些地方，是典型的五指型地形，在地图上看上去是近在咫尺，但你置身其中，面对的却是不可逾越的高山峡谷。沁河两岸的8个调查点，同样也是五指型地形，调查时异常吃力。31日，我们在完成了阳城境内的4个调查点任务之后，由阳城进入了泽州，对沁河沿岸的延河、赵良、黑水3个泉水和曹河水电站进行调查，共跨两县、6个乡镇，每调查一个点都是有进(山)有出(山)，少者行程二三十千米，多者五六十千米，本来想着会轻轻松松的一天，结果从早上7点忙到晚上8点，一天4下沁河，单日行程280千米，末了，还创下了本次调查行程之最。

（本文原载2010年《山西水文文化作品集》）

一步一个新台阶

霍 俊 兰

伴随着岁月轻轻走过,化验室的变化也清清楚楚,有迹可循,今非昔比,我心底依然蕴藏着一份祝福:化验室的今天比昨天更美好,明天比今天更靓丽!

是的,化验室的变化实在是太大了! 我刚走上工作岗位时,就在晋东南水文分站化验室,那时水文站坐落在马路的东边,坐东朝西,虽然二层小红楼的整个二层全是化验室,但设备简陋,人员短缺,没有一根标准吸管,几个人才有一个计算器和一张办公桌,每到3、5、8、10月份"大月"时,总站化验室的同志们还得来帮忙,同志们动脑筋,想办法,既当指挥员,又当战斗员,克服重重困难,一次次圆满完成了上级交给的光荣而又艰巨的水质化验、资料整编任务。

曾记得1995年我们第一次实行全国计量认证时,化验室的同志们认真学习了《质量管理手册》6个方面50余项规定,根据化验室的实际情况,粉刷了墙壁,油漆了门窗、工作台和办公桌,更换了窗帘,再加上我们有过硬的历年资料,同志们不分昼夜,苦干实干,把化验室整理得有条不紊,我们穿着雪白的工作服,胸戴上岗证,经过了理论考核和实际操作,李季芳工程师获得了理论和操作全省第一名,顺利通过了山西水文第一次国家级质量认证。当时,我们的心情无比激动,为自己通过努力奋斗换来的荣誉而高兴、自豪。我们化验室的工作上了一个新台阶!

随着分站新的办公楼的兴建,机构更名挂牌,我们化验室也搬进了新建办公楼四层,走进宽敞明亮的办公楼,首先映入眼帘的是国家计量认证合格单位的大铜牌,各个分析室上都加了标牌,制定了各项管理制度和岗位责任制,化验室仪器设备先进,监测项目齐全,仪器摆放有序、干净、整洁,承担着长治、晋城两市的水质监测业务,并连续多年在水质监测、分析、整编中获得全省第一名。

回顾过去,我们无比自豪;展望未来,我们信心百倍。让我们携手共进,开创水质工作新局面。

(本文原载2010年《山西水文文化作品集》)

观雨测墒责任重　准确及时记心中

李 树 森

我是长治县荫城雨量站观测员,从1971年担当雨量测报工作以来,至今已41个春秋。40多年来,我为国家积累了丰富的水文资料,为农业生产、防汛抗旱做出了很大贡献,我也由一个不懂一点水文知识的人,成为一个能熟练掌握雨量、墒情测报技术的编外水文人,村民还给我冠以"雨后诸葛亮"雅称。

雨情、墒情测报,工作单调,数字繁多,报酬不多,付出不少,特别是雨情测报,它不分白天夜晚,只要有雨情出现,我都会出现在雨量计旁,按规定将水情信息及时、准确发送出去,因为我热爱这个工作,它在我心中占据了很大的分量,所以我才会无怨无悔坚持了40多年。

40多年来,最艰苦时要数20世纪70年代,当年家中还没有电话,发雨情电报必须到镇邮电所。那时实行8段制观测,夜间23时、凌晨2时、5时,每隔3个小时测报一次,遇到暴雨还要加报。我家原住在荫城村南山上,雨量观测仪器安装在离我家100多米的一块平地上,每逢降雨的观测时段,我便会出现在夜幕下的雨量观测场,换回储水瓶,量取雨量,填好雨量观测记载表,并将降雨时间、雨量数据拟成5位电码,写在发报纸上,然后披上雨衣,穿好雨鞋,装好报文,取上手电筒,在雨中径直向离家三里多路的镇邮电所走去。雨夜中,山路泥泞,山洪把路冲成了豁沟,我冒雨乘着夜色,深一脚浅一脚往邮电所赶,经常是跌倒了爬起来再继续前行。3个钟头一个时段很快,返回家后,又要量雨、拟报文,再徒步到邮局发报,有时一夜跑两三趟。现在家里安装了电话,已不用再跑邮局,但必须不间断地忙于量雨、记载、拟报文,上传时段报、日报、旬报、月报、暴雨加报。因在雨夜量雨、报雨睡不好觉,因此我患上了顽固性失眠症。这也好,睡不着能看时间,听雨声,窗外哪怕小雨我也能听见,偶尔睡着让老婆听着,总之不能误报和缺报,误了、错了,就再也无法弥补了。

土壤墒情测报关系到农作物生长,对当地农业生产有实际的指导意义,2003年7月,水文站委托我担任长治县墒情观测任务,要求我站每5天进行一次取土样观测,从指定地块间隔1米设两个钻孔,每个孔分别深度为10厘米、20厘米、40厘米、60厘米,8个土样分别进行称重、烤干,得出干土重,计算水重和土壤含水率,得出10、20、40、60厘米两孔含水率平均数,然后填制电码上报表,76个数据不得有误。从取采样到得出含水率结果,每次大约需要3个小时时间,每月6次的重复工作,这对于我来说并不太难,因为我当会计40年,加减乘除的数字计算已成轻车熟路,所以10年来,我担负的墒情测报工作从没有缺测、误报。

1995年,为改善农村居住条件,村委在村中一块平地给我批一块宅基地,我家要从南山上迁到村东平地,我首先考虑的是我的雨量测报工作,往哪里安装仪器一时成了问题。为便于安装仪器及观测,别家盖瓦房,我改为平顶,顺楼梯可到观测点。在迁移过来的100多户中,我虽然比他们多花费千余元,但为保证雨量正常观测和仪器的日常维护创造了条件。

随着年龄的增长,我已干不了什么重活,但对雨量观测更有时间了,更有条件了,而且越干越顺手,越干越顺当,越干越有劲头,认为能为国家及时准确提供可靠的监测资料,我就会有一种满足感。有时因事外出,我先要把观测雨量的事安顿好,回来查看报表记录,直到没差错才放心。我对雨量观测几乎到了一种痴迷程度。近年来,我将1971年到2012年所有雨量观测资料,按5年一小结,10年一汇总,算出本站40年间平均降雨量559毫米,年平均降雨日数为74天,最大一次量为1971年8月20日为153毫米,最多一年的降雨量为2003年为1107.3毫米,最少的一年为1997年为258.6毫米,那年伏旱仅收5成秋。我儿子在镇上开一电脑销售部,打字复印很方便,我自己设计了各种记录表和汇总表,自己整理汇总资料很方便,现在我的资料整理得有条有理,分类装订,妥善保存。我还为雨量、墒情测报专门留出了一间工作室,将自己规定的观测雨量、墒情制度贴在墙上,在工作室抬头就可看到,时刻提醒我准时观测,及时上报。

社会在进步,科学在发展,水文雨量观测和墒情测报工作也随之改进,减小了劳动强度,使得测报工作更准确及时。1996年安装了程控电话,雨情报汛在家里就行了;2005年5月安装了太阳能雨量仪;2012年4月由人工日报改为自动上传;2011年9月28日,原来测墒情称土样的天平改成了电子秤,工作起来更省时,资料质量更精确了。

40多年来,由于我对水文观测工作认真负责,提供资料准确、及时、可靠,所以赢得了省、市水文领导机构的多次表彰鼓励,2009年6月4日,省水文局局长宋晋华和长治市水文分局局长李爱民来我站视察,与我和老伴一起亲切合影留念。2011年9月28日,长治市电视台《走进水文》电视专题片,将我量雨、测土工作现场摄入片中,在电视台播放多次。2012年10月26日,中国水文化研究会会长、水利部海河水利委员会漳卫南管理局副局长靳怀堾,

《海河水利》主编李红有一行亲临我站视察,详细询问我的工作情况,并表扬了我坚持测雨量、墒情的吃苦耐劳,不计报酬的精神。

今年,我已步入古稀之年,但对水文事业的热爱却愈老弥坚,我要把这种对水文事业的执着精神一代一代传下去,使荫城雨量站永远走在前列,为我挚爱的水文事业添砖加瓦,增光添彩。

一次划时代的大跨越

药 世 文

"十二五"时期,长治(晋城)水文事业如同全国、全省一样,迎来前所未有的黄金发展时期。按照省水文局和长治分局关于标准化水文站和中小河流水文监测系统项目规划方案,"十二五"时期,在长治、晋城两市共新建巡测基地2处、新建基本水文站8处、改建水文站4处、新建(改建)水位站9处、新建(改建)雨量站199处、改建水情中心1处。截至2013年底,共改建水文站1处、新建(改建)水位站9处、新建(改建)雨量站199处。完成投资额784.48万元。

标准化水文站和中小河流水文监测系统项目建设,投资力度之大,建设项目之多,这在晋东南60多年水文发展史上前所未有,具有划时代意义。这一项目全部付诸实施后,必将在推进晋东南地区水文事业跨越发展产生重要而深远影响,留下浓墨重彩的一笔。

一、标准化水文站和中小河流水文监测系统建设进一步满足了民生水利需求

长治、晋城两市境内有5大水系,其中集水面积在100平方千米以上的河流共有92条,集水面积在200~3000平方千米之间的河流共有25条,而上述河流多数防洪标准低,洪涝灾害和山洪地质灾害频发重发,损失严重。据有关文献统计,我国中小河流洪涝灾害和山洪地质灾害损失约占全国洪涝灾害经济损失的70%~80%,死亡人数占2/3左右,对人民群众生命财产安全构成了严重威胁。作为防洪减灾和山洪灾害防御的重要基础设施,中小河流水文站点明显偏少,而且水文信息采集、传输、处理的手段也相当落后,难以满足中小河流治理对水文信息的迫切需求。标准化水文站和中小河流水文监测系统建设投入运行后,将会提高中小河流水文信息服务水平,保障人民群众生命财产安全和山区经济社会发展。

二、标准化水文站和中小河流水文监测系统建设加快了水文服务信息化进程

长治、晋城是我省暴雨突发、多发区域,中小河流洪涝灾害损失日显突出,已经成为防洪减灾体系中的重点薄弱环节。水文监测和预警预报信息作为防洪减灾和山洪地质灾害防御的重要基础信息,是防洪指挥决策的重要科学依据。这次新建、改建的199处雨量站,全部采用自动采集、无线传输,确保各站雨情信息在10分钟内到达分中心,15分钟内到达省中心,20分钟内到达国家防汛抗旱总指挥部,以快速、准确的水文信息为中小河流防洪减灾提供可靠的技术支撑。

三、标准化水文站和中小河流水文监测系统建设更加完善水文站网的功能

目前,长治、晋城市仅有8处水文站,其中浊漳河的后壁水文站和沁河的润城水文站分别属于海委会和黄委会管辖,水文站点数量偏少、密度偏低、分布不均、功能相对单一。经济社会发展、民生水利建设以及气候变化等对水文工作提出了新的更高的要求,迫切需要加快水文站网发展,夯实水文站网基础。中小河流水文监测系统将新建和改建一批水文测站,会有效充实水文站网体系,完善水文站网布局,增强水文站网功能,提高水文整体服务能力和水平。

四、标准化水文站和中小河流水文监测系统建设拓宽水文服务领域的需要

中小河流是资源、环境、生态系统的重要组成部分。随着长治、晋城城镇化步伐的不断加快和山区经济社会的快速发展,中小河流开发、管理、保护等问题日益突出。水文作为各项涉水管理事务的重要基础工作,中小河流水资源开发管理、水环境保护、水生态修复以及中小流域抗旱等迫切需要水文部门提供全面、准确、可靠的水文信息。加快中小河流水文监测系统建设,将提升水文基础设施的整体水平,扩大水文监测的覆盖和服务范围,为拓宽水文服务领域,提高水文工作的服务能力,夯实"大水文"发展基础提供重要支撑。

第三章　岁月回声

永远的记忆

柴集善

我是1954年7月从华北工业学校毕业后,分配到石梁水文站工作的,1972年调入省水文总站。在晋东南工作的18年里,我经受了工作上的考验和思想上的磨练,从一根才出炉不成型的毛坯材料,锤炼成了一个能独立从事水文业务、能为我省水文事业做些贡献的有用之才,也使我在后半生的工作中少走弯路,少有失误。我为此而骄傲,晋东南18年工作给予了我一生财富:求真务实,吃苦耐劳,爱岗敬业。

仓 上 履 职

1956年,在参加工作后的第3年,我由石梁水文站调往浊漳河南源上的仓上水文站工作并担任站长。现在回想起来觉得水文站虽小,可它是个独立单位,站长应具备处理行政事务、会做思想工作的能力,带领这个小集体战胜困难、完成任务的能力和一颗负责任的心。

当时的基层测验设施相当简陋,也可以说基本上没有什么过河测验设施。当年,因细钢丝绳缺乏,仓上水文站浮标投放器运转不灵,测流没有保障,站上的同志提出以自制钢丝绳代替,我们几个说干就干,用细铅丝学着老乡纺制麻绳的方法做成了"钢丝绳",架起了一套浮标投放器,顺利完成了1956汛期测洪任务。仓上站测验断面是泥沙河床,洪水期断面冲淤变化很大,涨水冲深,落水淤积,为测得洪水过程最大断面,只有在洪水开始下落时,从上游顺水漂流到4米多深的河槽进行施测,而大家都不会游泳,身上救生圈万一被扎破了,很有可能会溺水而亡,非常危险。但大家在每遇测大水时,都毫不退缩,个个争先恐后抢着下水。有时抢测完洪水上岸后,简单冲洗一下就钻进被子里暖身子,一个汛期下来,被子也让身上的黄泥水染黄了。

第二年汛期,我向总站分管业务的领导谈起了仓上站的测洪问题,后经这位领导协调,将上兰村水文站一闲置的木船调拨给了我们。其实那是一艘底部漏水、造型像个方木斗子的器物。但当时急于改变仓上站的测洪状况,我还是雇用了车把它运回来,用钢丝绳将它拴在河两岸的大树上,来回牵引着它做测船用。有了这支"船",测流、取水样就方便多了。1957年年终资料整编时,根据实测资料绘出了仓上站单~断沙关系曲线图,用这一关系曲线图再查得该站断面平均含沙量,输沙量的计算精度就高得多了。

黄 碾 观 测

1958年,仓上水文站撤销后,我们又来到黄碾镇设立新站。黄碾站河段的河床也是泥沙组成,断面冲淤变化大,没有过河测验设备,连大断面也无法实测。此期间,我看了《水文月刊》封面登载了一幅一人在缆车上测流的绘图画(非实境照片),从中受到启发。在当时缺物资、缺技术的情况下,我没有等、靠、要,而是自己动手绘了一张能容纳一个人站立的缆车图,用木料制成了一套缆车设备。没有跨河主索怎么办? 我们就用两根6毫米钢丝绳当主索,固定在两岸的山坡上。当年汛期,黄碾站就是用这套缆车测取了洪水断面,坐在这套缆车上用流速仪施测了低水流量。由我设计、亲手制作的这套过河设备,既经济实用,又提高了资料精度,还免去了下水测流的艰辛。不过现在回想起来,用这样的设备去施测洪水非常危险,即使条件不具备也不可去冒这样的险! 可当时自己没有考虑这么周全,只有工作热情,想方设法把工作完成好,再就是受工作责任心的驱使。

刚迁来黄碾时,没有站房住,我们租用村里老乡的房子,观测断面在村外两三里路的峡谷里。在汛期,每天6次水位必须定时观测,尤其是观测下半夜零点和4点的水位,很是件很头疼的事。一次,轮到我观测4点水位,刚出了村就听到测验断面河段有种怪声怪气的嚎叫声,很凄惨,当时心里就打了个冷颤,回住地叫个同志一起去吧? 又想到人家刚看了零点水位睡下时间不长,觉得打扰他不合适(当时站上只有两个人),我只好一手拿着手电筒,一手提着根钢管和记载簿,壮着胆子向前走去。在我打开手电观测水位时,也许是那怪物见到了灯光,嚎叫声愈来愈大,我生怕一下蹿到身边遭到什么不测。这次水位是在我心惊胆战、精神特别紧张的状态下观测的,所以给我留下了特别深刻的印象。换一个角度讲,一次水位观测,其实就是对基层水文工作者敬业精神的一种认真检验。当时刚入汛期,天气晴朗,凭我的经验判断,零时和4时水位是不会有变化的,顺势记上这次水位也就是了。但是我不能这样做,不是实际观测的数字绝不可记在记载簿上,写上去那就是伪造资料,这是一条铁的纪律。即便写上去无人知晓,但我就成了一个缺乏良知的人,会一辈子受到良心的谴责。

服 务 农 业

20世纪70年代,水文站组织起"农业学大寨"服务队,到农业生产第一线开展服务。1971年,分站决定到平顺县西沟村设立水文观测点,支援西沟治坡造地,植树造林。这年,平顺县正好下了两场暴雨,两次降水量近200毫米,西沟大队几条主要沟都经受住了考验,各项治理工程安然无恙,而西沟大队下游东峪沟被洪水冲毁了。下雨的当晚,我一个人到各观测断面看水位(其他同志已在前一天到上游调查洪水),在赶到东峪沟时已经涨水了,我急忙穿过沟口,从坍塌的河岸边爬上了观测断面处,而这时的水尺桩已被洪水大浪包围,水位已无法观测,我只好在岸边找了个稳定的固定点,用卷尺定时向下量离水面的距离……就这样,我一个人在东峪沟坚守了两天两夜,直到洪水退下。在我回住地的路上,正好遇上申纪兰及西沟接待站站长一行查看灾情,见了我忙表示热情慰问,并说以为我被洪水冲走了,还派人沿河寻找哩!由于受了风寒,从此我的右腿关节落下了经常抽筋疼痛的毛病。

在这之前的1970年冬,我与服务队成员张富裕、侯二有、陈日初,到了武乡县的一个公社,全体同志奋战了一个寒冬,做出了该公社治滩规划,其内容包括治滩规划图、工程量以及治滩效果分析等,来年春天,又为其他公社的多个村搞了引水上山测量规划。在我们离开时,县委领导设宴招待了我们。在当时物质条件极其匮乏的情况下,这样高规格的款待我们,真使我们有点受宠若惊。

勤 奋 求 实

在晋东南分站工作期间,领导分配给我的任务就是做测编工作。测验方面是配合测站的同志研讨测验当中出现的问题与解决办法,还做过一些试验研究,如浮标系数等。对其项目,总站曾多次要求各分站做本地区的浮标系数试验,但是因没有试验条件而无法开展。1963年,漳泽水库泄水洞改建,大量放水,流量约70立方米/秒,无人工控制,泄水流量呈自由消退形势,这是进行浮标系数试验的极好机会。在分站领导的积极组织和漳泽水库水文站(当时分站常驻在水库管理局内)同志的共同努力下,奋战了20多天,测得流速仪和浮标法流量各20余份,以及同步观测的还有风向、风力资料,经整理计算分析,结果与总站下发的浮标系数、浮标模拟基本一致,因相差甚微,不影响流量计算精度,浮标系数仍用原来方法计算。这次试验成果说明,浮标流量计算精度是符合规范规定的。

水文资料整编工作,20世纪70年代以前全部是靠算盘打出来的,上级机关对分站的资料整编要求就是一句话,整编成果达到"刊印水平"!刊印水平包含的内容是:整编方法正确,数字无误,项目齐全,报表填写规格合乎规定,这就是整编工作的奋斗目标。我在分站负责这项工作,我的责任就是保证各水文站推流、推沙方法无错误,至于报表的填写规格,从1958年开始,我已将总站以及流域机关历年有关资料整编补充规定,全部装订在一册当中并认真贯彻执行。在当年的政治形势下,分站领导注重政治思想工作,有效保证了职工队伍良好的工作作风和认真负责的工作态度。同时,我也主动地向分站领导建言献策,诸如资料整编把基础的计算工作放到测站;汛期在搞好观测、测好洪水的同时,把水文测验中发现的问题及时解决,不可留在年终整编资料时才去追究、争论等。在年终集中整编资料前,我一般都会向领导提供如工作任务、需要多长时间等有关情况,以便领导考虑集中整编时的人员和日程安排。由于分站领导在整编资料工作中分配工作、人员安排得当,逐年形成了一支对资料整编熟练的队伍,造就了全区资料整编的高质量,在1962—1964连续3年全省资料质量评比中名列第一,这是晋东南分站全体水文职工在水文测验与资料整编工作上团结一致、奋力拼搏的结果。我作为这个队伍中的一员,也为此感到光荣。在全省资料整编会上,总站领导曾多次指名让我向大会介绍整编工作经验。多年过去了,当时在分站集中整编时同志们埋头苦干、全力以赴工作的情景还历历在目,令我久久难以忘怀。

1958年,水文体制下放到地区,我和众多同志一起到了晋东南地区水利局水文科工作。为充实自己的知识,提高自己的工作能力,我报考并被录取到华东水利学院水文系函授学习。此后的4年时间里,我求知若渴,书本不离身,利用一切空余时间抓紧学习(那时上班时间不准看工作以外的读物),可以说我的学业是在无一点违规行为下完成的。通过系统的学习,使我增长了专业知识,增强了工作能力,为我在后来的工作中多出成绩、多出成果奠定了重要基础。

我 的 愧 疚

1972年,在时任晋东南分站革委会主任罗懋绪的关照下,我从晋东南调入省水文总站工作,从而结束了夫妻分居15年的生活。在夫妻长久分居的年月里,我心里感到最愧疚的是没给予两个儿子应有的父爱。大儿子出生3个月时，颈部淋巴发炎，嘴唇上长了血管瘤，孩子的治疗由我爱人一个人照料，我本想请假回太原照看一下，没获得批准。小儿子出生才7天，就从太原送去壶关找人奶养，不幸得了重病，送到长治医院已奄奄一息，院方当时就下了"病危通知"，后经连续7天治疗，总算挽救了孩子一条性命。因爱人一人带两个孩子实在困难，小儿子出院后只好由岳母代养，直到6岁上学时才回到我们的身边。由于儿时大病落下后遗症，大脑受创，在学校学习成绩一直很差，所以长大成人后，也没有找到个稳定的职业。我爱人因照料家务超负荷劳累，产后也没有得到较好的休息调养，导致身体受损，现在腰、腿、背、臂遇有不适，就疼痛难忍，每在此时，一股内疚之情就会袭上我的心头，而这已经是无法弥补的现实了。

我现在已进入人生暮年，当年曾经给予了我许多关怀和照顾的晋东南战友，对他们的感激之情至今仍埋藏在我的心底，但不少同志已经先我而去，在我每想起他们的时候，常会独自一人潸然泪下，写到这里，我要向晋东南的同志深深地鞠躬了！还有晋东南的那山山水水，都给我留下了不可磨灭的印象，它将像我的故土美丽的云南一样，永远留在我的记忆中。

（本文原载2013年3月中国水利水电出版社出版的《倾听水文·全国水文文学作品集》）

在孔家坡水文站的日子里

邱 田 珠

自力更生建围墙

1958年孔家坡建站时，正值新中国成立后百业待兴时期，建设资金短缺，少量的经费不足以维持正常的建设支出，在当时"鼓足干劲，力争上游，多快好省地建设社会主义"的精神激励下，全站职工心往一处想，劲往一处使，以少量的建设经费，靠自力更生建起了5间简陋的站房，又建起了观测站、浮标投掷器房、平板仪房和其他简易的观测设施。

孔家坡站地处太岳山区的腹地，远离城市村庄，测站位于荒郊野外。夜深人静时，经常有野兽出没，为了职工的人身安全，经研究决定，职工自己动手修建围墙。围墙需建50余米长，2米高，约需打土坯近万个，需拉运购买砖（做根基、建街门用）2000多块。挖地基、打土坯、垒墙、建街门、运输等总计需工1000多工作日。全站只有3名正式职工和1个临时工，这么大的工程量，一算细账，大家产生了畏难情绪，对完成任务失去了信心。此时，大家又开会讨论，最后统一了思想，认为"愚公能移山，我们为什么不能学习愚公精神，一年不行，干它两年！"

统一了认识后，建墙工程于1965年春天开工了。大家除了保证正常的业务工作外，全力投入到此项工作中，白天干，晚上干，有时一直干到晚上12点多，干累了，稍微休息一阵，饿了吃点干粮，渴了喝几口水，没有节假日。功夫不负有心人，终于在本年冬季来临之前，工程全部竣工。经过合计，全部工程实际投工600多个，平均每人投工150多个，粗略估计节约资金80%左右。

本来未列入建站预算，同时也是想也不敢想的围墙工程，在资金匮乏的情况下，经过全站职工的自力更生、艰苦奋斗，终于在半年多的时间内大功告成。孔家坡站的围墙工程，曾刊登在当时的《全国水文月刊》上。

伤不下岗 病不离站

1965年汛前,孔家坡站正值职工动手建围墙期间,我在一次骑自行车进城办事时,不幸摔断了左臂,县医院接骨时用石膏固定,1个多月后拆掉石膏,发现骨头接偏了,无奈又请当地民间接骨匠拉开重接,前前后后经过3个多月时间才基本痊愈。当时的疼痛可想而知。在此情况下,我既未写信告知家人,也没向中心站和总站请假休息,仍坚守岗位,一边养伤,一边工作,不能干重活干轻活,有了洪水不能下水,就在岸上记载,多干内业,多值班,腾出时间让其他同志多干自己不能干的工作。特别是当时正值建院墙之时,和大家同甘共苦,给同志们烧水做饭,端水送饭,出谋献策,几个月没休息过一天,没住过一天医院,没请过一天假,始终坚守在工作第一线,坚持汛期测洪工作。

汛后,胳膊刚好了一些,不幸又得了急性肝炎,后转成慢性,在病重时,不能进食,肚胀如鼓,一个多月体重下降了20多斤,西医治不了,吃中药,半年吃了中药近百付,直到1966年我调离孔家坡回忻州,病情才基本得到好转。

从1965年5月份骨折到次年离开孔家坡的一年多时间里,我一直忍受伤病的折磨,但是,一年多的工作中,我伤不下岗,病不离站,忍着伤病,带领全站职工,不但圆满完成了本站的全部测、算、报、整等业务工作,而且还完成了本职工作以外的建围墙任务,解决了测站的安全问题,受到了上级的嘉奖。

人生中的一大不幸

1956年我从太原林业学校毕业,分配到本地区水文站工作,时年仅19岁。当时也算是组织上的照顾,但是1958年春节前夕突然接到调令,令我立即赴晋东南设立的新水文测站。那时职工调动像军事命令似的,没有商量的余地,只能服从组织决定,所以我正月初三就奉命到长治赴任。从此时开始至1966年调离长治,8年时间里我一直远离家乡,远离亲人,工作生活在晋东南的山山水水之中。

1963年3月初,我爱人带1岁半的女儿第一次到沁源孔家坡探亲,这可谓是一次和家人团聚的良机,不巧3月初接到上级的通知,令我到太原参加山西省农业系统先进单位代表会议,这一去就是半个多月。会议结束后,晋东南石梁中心站又决定召开资料整编和汛期准备会议,我无条件服从组织安排,并同程送爱人和女儿路经沁县返乡。从沁源起身时,小女儿有些发烧，当时以为是感冒，为了按时参加石梁中心站会议，车行到沁县后，只好让她母女另乘车前往太原。

同年6月初，接到家中来信，说女儿在从沁源回家途中出了麻疹，经多方抢救无效，不幸离开了人世。得知此不幸的消息，心情十分悲痛，但是正值大汛之际，我也不能离站，也只能以书信安慰远方的亲人，继续投入到汛期的测洪战斗中，尽一个水文人的神圣职责。

在那困难的年代

五六十年代新中国成立初期，国家经济非常困难，水文工作正在从无到有、艰苦创业的时期。设立的测站没有任何测验设施，多数情况下是靠人赤身下水测验。为了资料的准确，在遇洪水用浮标测量时，也要人下水抢测过水断面水深。说实话，当时丝毫不考虑安全问题，只提倡测得准、测得好，有的同志为此曾付出了生命的代价（如南土岭水文站的李晚才同志就是牺牲在抢测洪水中）。由于那时同志们经常下水，且无任何防护设备，因此老同志大多都患上了腰腿疼、关节炎、风湿等职业病。当时没有通信设施，而上级规定汛期晚上有无洪水一律值班，无论水位有无变化，必须每隔两三个整点观测记录水位，所以夜晚必须值班。有了水情，不论白天、夜晚，都得步行到邮局发报，形成了汛期的严格制度，所以汛期没有一个节假日。

在那个年代，水文站因地处偏僻，又都是单身职工，与家人离多聚少，平日孤独难耐，一年仅是在春节期间享受十多日的探亲假。由于国家经济困难，站里的经费十分紧张，职工无任何劳保福利待遇，在工作调动、开会出差、流域调查、检查雨量站等外出时，除个别地方外基本上是靠步行，一日步行百十里是经常的事。即使如此，同志们也毫无怨言。

当时水文测站的测验条件十分简陋，内业工作又非常辛苦。因水土保持特差，一下雨河水暴涨，几乎每年测流都在200次以上，再加之当时测得精、测得细，所以内业工作也相当繁忙，计算工作全部靠算盘和笔算完成。为了资料精度，一份资料往往要经过四五道工序，以确保出站、出区资料不出任何差错。

告别了过去艰辛的岁月，再看今朝，水文事业发生了翻天覆地的变化，在以人为本和科学发展观的正确路线指引下，我确信我省的水文事业明天会更加灿烂辉煌。

（本文原载2013年3月中国水利水电出版社出版的《倾听水文·全国水文文学作品集》）

作者附记：

邸田珠，1937年7月7日生，汉族，山西省原平市人，1956年自太原林业学校农田水利专业毕业后，分配到省水文总站基层测站工作，1979年6月加入中国共产党，先后就职于五台济胜桥水文站和原平界河铺中心站，1958年2月，调襄垣桥坡水文站任站长。同年，晋东南水利局设立水文科，调水文科工作，任技术员。1962年国家精简机构，撤销水文科，下放到孔家坡水文站任站长。1966年汛前调回忻州分站工作，先后在长治工作8年之久。

在孔家坡工作时，由于工作成绩突出，受到上级嘉奖，1963年3月参加了省农业生产先进单位代表会议。

回忻州后，在下茹越、界河铺水文站任站长。1972年调回忻州分站，任分站副站长、高级工程师等职。1996年退休。

虽苦犹甜　无怨无悔

郝 苗 生

我在水文战线上工作了42年,其中在晋东南地区有13年。经历了我省水文工作创建初期的艰辛。回眸这段时间的方方面面,感触万千,但总的来说虽苦犹甜,无怨无悔。正是那样的时代与环境,使我受到了锻炼,对做好后来的工作至关重要。

艰 难 岁 月

1952年,正处新中国成立初期,百废待兴,刚刚被接管过来的石梁水文站,除去河道上立着几支水尺桩以外,几乎再没有别的什么基础设施。站房是借用老乡的土窑洞,距离测验河段很远,全是土路。晴天尘土飞扬,雨天泥泞不堪。河段上没有观测房,没有过河设备,甚至没有高架浮标投掷器。下雨时人们穿的是用草做成的蓑衣,头上戴的是用竹篾编制的斗笠。

因为没有过河设备,每次测流都要人工下水,两条腿叉开,面朝上游站在水中,双手把持着悬挂在木棍上的流速仪进行施测,而且劳动强度大得难以忍受。每到测输沙率的时候,必须有3个人同时下水,一人测深测速,一人取水样,还要一人负责将所采水样逐个送到岸上去。站上没有电烘箱,过滤后的沙包有时十天半个月也干不了。针对这些笨拙而又耗费体力的做法,我们就搞一些技术革新,比如:用葫芦瓢做成小浮船,一次可装运十几个水样瓶,这样测输沙率就可以减少一个人;还创制了火炉烘箱和煤油灯烘箱,用土办法烘烤沙包;后来又创新了三用测速杆。这些都受到了广大基层水文职工的高度赞扬,他们爱不释手,因为既解脱了繁重的体力劳动,又提高了测报质量,直到现在不少水文站还在继续使用这种三用测速杆。如果说这个小小的发明创造,是我们基层水文工作者的一项专利产品的话,我觉得一点也不夸张。

没有过河设备,低水时期的测验尽管既苦又累,但总还是好应付。但到了发洪水时困难就大多了。为掌握洪水过程中河床的冲淤变化情况,只能是下水实测断面水深,否则保证不了测流精度。每次洪水过程,最少要有3~5个实测点,方可满足需要。每测一个水深,大都要从中断面以上50米处入水,从中断面以下50米处出水。不然就找不到在中断面起点距的准确位置,这样不仅消耗体力大,而且相当危险。到了9月下旬以后,在河岸上看热闹的老乡们,早已披上了厚厚的大棉袄,而我们仍要照常赤身下水。为了御寒,时常要喝上几口白酒,同时还要用白酒擦抹全身。即使如此,还是冻得上下牙打战,说不上话来。这种事多数由我来完成,因为我的水性较好。

那时候,站上的经费非常紧缺,埋设水尺桩、架设高架浮标投掷器、断面索等好多事情,都要自己动手去做。记得有次站上没钱,连饭都吃不开了,幸遇省水文总站的贺继纯同志下来检查工作,借给我们5元钱,才缓解了那场"经济危机"。

勤 俭 建 站

为掌握洪峰水位的涨落过程,要有3到4人夜以继日地蹲在河畔上轮流值班,守候观测。与此同时还要测流、取沙和做其他工作,一场洪水过去,就把人搞得疲惫不堪。

为方便工作,我们在中断面附近找了一块台地,自己动手挖了一个高2.5米、宽3米、入深4米的凹字形状的口子,上边有用高粱秆作顶棚,再用泥巴抹好,里面用白灰抹墙,最后安上门窗。前后用十几天的时间,建起了一个观测房。里边放了两个床铺和日常观测所用器具,后来又在里边用土坯砌了个土台子,连放置天平处理泥沙的问题也解决了。房子很简陋,但为测验提供了一个遮风避雨、栖身喘息之处。

再往后,我们还在上断面建起了投放浮标的棚子,在下断面建起了描绘浮标起点距的棚子,描绘了不够清晰的水尺板,增设了高水水尺,架起了中断面断面索,使整个测验河段的面貌焕然一新。

勤俭建站是水文人的光荣传统。1957年在东王内水文站用上述办法解决了观测房的问题。但这个站更为突出的问题是需要解决过河设备。这里河道不宽,河床为泥沙组成,冲淤变化很严重,洪水时所测流量根本无法绘制与水位的关系曲线图,为此我们请到一位纺制麻绳的师傅,用12号铅丝纺制了一根60米长的铅丝绳,架设了过河索道。索道上装一个滑轮,滑轮上挂吊一块木板,测量时人坐在木板上,用双手拉着悬索前进,虽然费点劲,但使用效果很好。由于较好地掌握了断面的冲淤变化情况,此后测到的水位与流量、水位与流速,几乎可以见点连线,水位与断面面积的关系曲线也很好,测报质量有了很大提高。

1962年,在后湾水库遇到一个很挠头的问题,水库放水渠道因供发电使用,以致水位变化无常,水位变幅多在1~2米之间,靠人工观测很难掌握其变化的规律。后来我们因地制宜,自己动手,设计、建造了一台自计水位计,这台水位计只需从记录纸上摘取水位的变化转折点,即可准确计算出每日的平均水位。实践证明,我们自行设计、建造的这台自计水位计,竟成了后湾水库渠道测验无可替代的仪器。

经 受 锻 炼

一次爬行的经历。1953年汛前的一天,天还没有亮,我就起了床,为的是赶路到左权县下交漳水位站,去设立斜坡式水尺。肩膀上一头挑着水平仪,一头扛着30多斤重的水泥。

由石梁到下交漳要走60多千米的山路,第一天走了约45千米。按说剩下的路程对第二天来说小菜一碟,但不知道什么原因,走了还不到1个小时,两条腿就开始疼痛。起初还很能勉强地向前挪动,后来越来越痛,简直坚持不了啦,连站都站不住了。距下交漳大约还有5千米时,前无村后无店,住无住处,走不能走,气得我都哭了,无奈之下只好爬着行走,每向前爬一步,还得用手把所带东西向前拖一下,才能再爬第二步,艰难程度苦不堪言。当爬行至下交漳的村头时,看见大部分老乡家的灯都已熄灭了。又渴又饿又累,瞬间我曾下意识地想到,活着还不如死了好。但那时候我还很年轻,睡了一个晚上第二天全然没事了。除两只手上留下几个水泡,两个胳膊肘儿膝盖上,有一些并不严重的伤势外,仿佛头一天什么事情也没有发生过一样。我和曹玉兔同志两个人,该干什么干什么,一会儿挖沙子,一会儿调水泥。一个上午的时间就把斜坡水尺抹好了。

一场暴雨中的幸事。1954年8月5日,我从石梁水文站到黎城县邮电局,给省水文总站寄发7月份的水文资料。当天的天气状况不太好,看样子很有下大雨的迹象,但是资料必须当天送出去,不能再往后推,因为省总站规定,水文资料要日清月结,上个月的资料,一定要在下个月的5日以前报出去,并要求以当地邮局的邮戳日期为证。报送资料的日期不能再往后推,而天又很可能要下大雨,出门时带一把雨伞不就行了吗?然而问题就出在这里,我想石梁到黎城县城只有10千米。连走带跑用不了多大会儿就到了,何必带雨伞呢,结果只背了个小挎包就出发了。

我上气不接下气地赶路,但天公偏不作美,离县城有一、两千米的时候,瓢泼大雨突然而降,近处连个避雨的地方都没有,我急忙把小挎包塞到衣服下面,两只手紧紧抱住小包,低头猫腰一步一步地向前挪动。风很大,雨很急,顶得出不上气来,就屁股朝前倒着走。到了邮局大门口,雨还没有停,我浑身上下湿透了,活像人们所说的落汤鸡似的,狼狈不堪。

所幸的是,当我走进邮电局的门、急忙把小挎包打开时,只是外包装稍有浸湿,字迹还很清晰,不受影响,这时我才长出了一口气:真是谢天谢地了!

一次逞强得来的资料。1960年6月上旬的一个下午,黄碾水文站发生了当年第一场洪水,流量不算大,但含沙量很大,很有必要测一次输沙率。杨松斗、曹玉兔见我感冒未好,就抢先跳下水去。刚一下水,他俩几乎是同时喊道:"妈呀！水太凉,下不去!"一边喊着一边跑上岸来。

我说:"已经6月份了,河水还能凉成什么?"从他们手里接过仪器就下到水里,殊不知那场洪水是上游下了冰雹形成的,测得水温还不到10摄氏度,冰冷的河水像钢针似的,扎得我的两条腿痛不欲生,但又不能半途而废,因为我是一站之长,别的同志说水太凉,不能测,而自己却要逞强,既已走到这一步,只能硬顶下去。出水后盖着棉被暖了一个多小时,才慢慢地缓过气来。虽然受了点皮肉之苦,但却换得了一份很有价值的输沙率资料,值得!

(本文原载2013年3月中国水利水电出版社出版的《倾听水文·全国水文文学作品集》)

作者附记:

郝苗生,平顺县人,1952年5月参加工作,时年18岁。

最初在水利电力部华北水利勘测设计院第一测量队设立的平顺县寺头雨量站当临时工。同年10月初,接山西省水利局电报,将我和罗懋绪、王增国等十几名同志,连同石梁、黄碾、仓上、西邯郸、桥坡等水文站一并接收过来。我被分配到石梁水文站(胡美珍同志时任该站站长)。之后,又相继调往石滩、东王内、漳泽水库、西莲、黄碾、上秦、后湾水库、上兰村等水文站。1966年初至1970年底,在忻州水文分站工作5年。1971年初调回省水文总站,直至1994年底退休。

从事水文工作的42个年头,虽然没有什么丰功伟绩,但也尽职尽责了,其中使我感到最为欣慰的是,回到总站机关以后,做了具有超前意识的三件事:

一、将多年孤守在山沟河畔的各地区水文分站,迁回到相应的地(市)所在地。为水文工作名副其实地走出断面、搞好社会服务开创了有利条件,同时也极大地提高了水文工作的知名度。

二、经努力在省水利学校开设了水文专业,培养了一批具有水文专业知识的骨干力量,较好地解决了水文队伍青黄不接的问题。

三、在太原市康乐街征购了20亩土地,建起了办公楼和职工宿舍。从此省水文总站机关才有了自己的天地。

漳泽忆事

郝 富 仁

（一）

1962年6月，水文体制变更后，晋东南水文分站迁至漳泽水库，这样更有利于为水库提供水情服务，也有利于全区水文站网的管理。经与水库管理局郭学善书记面谈，他表示十分欢迎，并决定把水库礼堂小二楼的五六间房让给分站办公使用。

当时已进入汛期，我们一方面抓紧迁站工作，一方面狠抓水库各项测验设施的完善和报汛方案的制定，围绕水库安全度汛加密了报汛站点，以图文并茂的形式每日编制水库水情快报，其内容包括：河流水系图、水文与雨量站分布图、进出库水量、水库蓄水、库区降水分布、天气预报、水情简述等内容。当郭学善书记等领导看到我们的"快报"时，喜上眉梢，赞赏地说："真是一目了然，一清二楚，好、好、好！"

水情服务不仅密切了分站与水库的关系，也拓宽了水文服务的内容。水库管理局有些会议也请我们参加，分站日常测验或办公所需物品，只要水库有的，都会无偿资助我们，真乃库站一家人。

（二）

1962年汛期，一天晚饭后，我在水库大坝附近散步，突然发现大坝与溢洪道衔接处淘涮异常严重，我立即向水库管理局郭学善书记作了汇报，并建议组织有关人员到现场察看核实。经现场观察，一致认为确系险情，于是水库领导连夜开会研究，在电告省、地、市有关领导的同时，立即组织全体职工抢筑子埝，防止险情进一步扩大，并组织专人24小时守候观测。

险情电报发出后，长治市市长最早赶来水库，随后晋东南地委主管农业的副书记、农工部长、地区水利局局长等领导也相继赶到，省水利厅康宇副厅长、刘锡田总工，也带着数名技术骨干随即赶到。经有关领导现场察看,对坝下渗流取样观察,发现已稍显混浊,说明险情严重。

漳泽水库位于长治市境内,且库容较大,万一失事,后果不堪设想,经领导与专家现场观察与认真分析研究后,一致认为溢洪道未经护砌绝不能过水。眼下又是汛期,水库进库水量大于下泄水量,惟一出路只能是设法加大泄量,加高培厚子埝,杜绝淘涮,防止险情扩大。

如何加大泄量,经反复商讨与研究,最后商定采用水下爆破,即在确保大坝安全的前提下,通过水下爆破加大泄量,降低库水位,以便为大坝抢险施工创造条件。

排险方案确定后,立即电告水利部,并请求速派潜水员增援抢险。省厅以最快的速度为水库下拨抢险经费50万元;地、市抽调民工组成抢险队伍,在水库附近安营扎寨;大批草袋、麻袋、木料、水泥等抢险物资运抵抢险现场。这时的漳泽水库管理局和水库大坝抢险现场人山人海,一派紧张而繁忙景象。水库机关的客房、会议室都住满了客人,食堂24小时供应饭菜,人们都在为水库的安危费心、劳力。

围绕水库抢险,分站加强了水情服务工作,在实施水下爆破时,全站职工在大坝下游抢测泄洪的整个过程与最大泄量,并随即向水库抢险机构提供了施测结果。

水下爆破很成功,不仅扩大了下泄流量,更重要的是为大坝除险加固赢得了宝贵时间,达到了预期效果,使水库转危为安。

从险情的较早发现到积极参与抢险,再到抢险成功,我与分站的同志都做到了全心全意,尽职尽责,故受到各级领导的好评,特别是漳泽水库郭学善书记和燕秋元局长,对我较早发现、报告险情十分赞赏……这件事对于我来说,也是今生值得欣慰与骄傲的一件大事。

(三)

一个水文站多则三四人,少则一两人,常年居住在山沟里,用老乡的话讲是:河里洗脸庙里住,多见石头少见人,白日与神像为邻,夜晚与孤灯相伴。当年的水文站没有电,更谈不上什么文化生活,站上的人本来就少,可还要参加资料整编、雨量站检查,时常是留下一个人坚守岗位。试想,一个刚从学校毕业的青年,常年生活在这样的环境中,特别是在夜深人静的时候能不孤独、寂寞吗!而事物总是一分为二的,环境差是事实,但为了工作,必须去适应它、改造它。于是在院里种花,种果树,在河段种菜种瓜,不仅美化了环境,也改善了生活,日久天长也就习惯了。

当年，国家经济十分困难，大力倡导勤俭办一切事业。省里本着少花钱、多办事的原则，设立了部分水文站点，提倡因陋就简，不搞基建，不建站房，把有限的钱用在测验设施上。在每年汛期前的四五月份，我们就忙着增设、加固水尺，维修测验设施、断面，整修观测房、高架浮标房、制作浮标等。总之，能自己动手干的从不雇人，勤俭办站的水文精神发挥到极致，毫不夸张地说，水文事业是个大熔炉，从事水文工作的人，没有吃不了的苦，也没有干不了的活。今天想来，水文事业不仅能锻炼人、改造人，而且还能塑造人。

就在漳泽水库那次抢险的前半个月，我曾收到爱人的一封挂号信，告知我她的预产期（头胎）是8月25日，希望我能提前回太原陪她生产。再说我的家境也不好，老妈年迈且神经不够正常。是参与水库抢险防汛，还是回太原陪护爱人？面对两难选择，我思考再三，最终还是放弃了返并陪护爱人生产的想法，专注于水库的抢险防汛。漳泽水库在人们的共同努力下，终于将险情排除，化险为夷，我尽到了一个水文工作者的职责。可爱人在最需要我的时候，而我却未能守在她身边这件事，至今我仍耿耿于怀，这也成了欠爱人一笔永远还不了的感情债。

我已是耄耋之年的老人了，而今在家做饭、洗衣、操持家务均得心应手，这要归功于我们行业的素养与锻炼。退休居家的日子，也是回报爱人的大好时机，因为年轻时常年分居，忙于事业，欠家人的情感债实在太多太多了。

难忘的十八年

汤 贞 木

艰苦岁月磨练了水文人的意志与毅力

1965年的夏天,我离别了寒窗17年的校园生活,带着为党为人民服务的理想,憧憬着北方煤都城市的工作与生活,到当时的水利电力部山西省水文总站报到。在报到的当天,总站领导找我谈话,将我安排到晋东南分站工作,并要求我与测站的同志同吃、同住、同劳动,以彻底改造世界观。在到达太原后的第三天,我就在时任晋东南分站副站长张恩荣同志的带领下,绕道河北省石家庄与邯郸市,再转乘汽车经崎岖山路进入太行山区,来到了晋东南分站的驻地石梁水文站。过了几天,分站领导又将我分配到当时晋东南最艰苦的测站去锻炼。接着我又乘车两天,路经长治、襄垣,再步行十几里蜿蜒山路后,终于到达了我的第一个正式工作单位——西邯郸水文站。行走多日,辗转两省、市,虽不像白居易在《初入太行路》"天冷日不光,太行峰苍茫。尝闻此中险,今我方独往。马蹄冻且滑,羊肠不可上。若比世路难,犹自平于掌"所描述的感觉,但也不曾想到在迈向人生道路第一步后是那样的艰辛,而这一迈就是18年! 就是这个18年漫长而艰辛的岁月,在我的记忆中深深地刻下了当年艰苦创业、奋力拼搏的美好回忆。

西邯郸水文站位于浊漳河北源上,占地约1亩左右,站房孤零零地矗立在一山间坡地上,站房及室内外的设施相当简陋,5间平房,其中两间为办公室,一间为存放仪器设备的库房,另两间为职工宿舍,另有一间面积约3平方米的厨房,供大家煮饭、烧水和烤沙包用。办公室内有1长条桌、4把木椅,还有2个玻璃柜,作为办公用品的还有几个算盘与几支2H铅笔,这也算是水文人是知识分子的唯一象征(流速仪、水准仪、天平与水准尺等仪器被锁在库房里,是看不到的)。当然,最奢华的还是桌上放着一台专门为报汛用的手摇电话机。电话专线直通十几里外的下良镇邮电所,这也是水文站重要性的象征。宿舍的床是用两条长凳与一块木块搭成的,宿舍内没有其他任何设备,冬天时加一只火炉。

　　到测站锻炼要过的"三关"中,最难过的是"吃"这一关。俗话说"民以食为天","人是铁饭是钢,一顿不吃饿得慌",当年供应的粮食中除30%的面粉外全是粗粮,没有一粒大米,这对于生长于南方、吃惯了大米与副食的我来说,确是非常难过的一关,由于咽不下粗粮与面食,每天只吃约3两主食,因此,人一天天地消瘦下去,当时有人预言:"这样下去,汤贞木活不过三个月。"当然这只不过是一句戏言,是关心我的表述。但事实是在同志们无微不至的关心和自己的努力克服下,很快就过了这一关。每天吃的主食虽然主要是玉米疙瘩、饸饹与和子饭,还有上党盆地盛产的小米饭,但同志们尽可能地粗粮细做,调剂可口的饭菜,有时还会做一顿用猪油渣炒的俗称"油沾沙"香喷喷的小米饭,偶尔改善生活时则是山西有名的拉面,这时浇头上就会有少许肉末,吃起来犹如宫廷美食。可以说,18年来是上党的小米养育了我,至今我还时常熬点小米稀饭,以调剂口味。由于远离市镇,蔬菜还要靠自己种植,因此,测站对改善生活最有价值的便是站房前面积达一亩左右的旱地了,据说这是水电部领导为关心基层水文职工所采取的措施,可谓是独具匠心的福利待遇啰(不知道现在还有没有,希望能永远保存下去这唯一的水文人的福利待遇)!这样,水文人在工作之余就可在自己的土地上劳作,既种植蔬菜、小麦、玉米等作物供自我享用,又能锻炼身心,真可谓享尽世外桃源之福也!

　　西邯郸水文站共有职工4人,汛期4个月,一般情况下,全员在站固守断面,观测项目有降水量、水位、流量、含沙量、校测水准点、校测大断面等。水文观测断面位于被河流深割的河谷中,距站房的山坡地约有40余米落差,每次下河测流、采沙样、看水位、校测大断面,均要走几十米"之"字形的羊肠小道。由于水文站位于山坡地,打不出水井,只能饮用由河里担来的河水(当时河水尚未被污染),有时水若浑时,则要用明矾澄清后才能饮用,可想而知,从河中将盛满河水的重担一步步地沿着陡峭的山道向上攀登是多么的艰苦。为了节省这来之不易的河水,除了必要的泡茶喝水、洗菜做饭、洗脸刷牙、擦身洗脚外,一般都不再用担上来的水,洗衣服则到河里去洗,从而使我们每个人都养成了节约用水、节约能源的好习惯。这种潜意识一直埋藏在我的内心,更使我在以后参与国家重大决策课题中得到了充分的运用。如在国家科委组织中央30余个部委共同承担的《缓解华北水资源紧缺的对策建议报告》中,作为专家组和总报告起草人的我,在报告中明确提出:"节约用水是长期坚持的基本国策,但随着社会经济的发展与人民生活水平的提高,需水量已大大超过了当地水资源的承载能力,因此,积极开源(包括'南水北调'与'引黄入晋'等)是未来解决华北水资源紧缺的战略方针"等观点。

水文站的工作是重要而平凡的,测流、看水位、整编资料,为防汛抗旱、水利工程、经济建设提供准确、及时的情报与资料,年复一年,天天如此,十分平凡。但事实上,水文人在这看似平凡的工作中确实付出了许多,包括孤独、寂寞甚至抢测洪峰时的生命危险。当然,水文人也有自己十分兴奋的时候,那就是在全站职工团结一致、齐心协力、密切配合下抢测到最高水位时的洪峰流量和整编的资料在审查中未被发现大、中、小错的时候,在暴雨倾盆、河水暴涨、漳河的洪涛正如明朝诗人魏崇德在《雨后漳涛》中描述的"西来水石竞相砰,雨骤风涛万壑鸣。波激长津马渡,浪夹岸怒龙惊。游人讶道瞿塘峡,飞鸟惊闻滟滪声。为报阳候须自减,可知强弩射潮平"那样的时候,全站职工就会面无惧色地面对着汹涌澎湃的洪水,全身心地投入到抢测洪水中。

准时的水位、雨量观测,尤其是冬天每晚零时水位的准时观测(当时的规范规定),要从温暖的被窝中爬出来,独自迎着凛冽的寒风,提着防身的棍棒,面对野狼的嚎叫,用冰冷的冰仟敲开冻结的冰面去观测水位,既培养了严谨的工作作风,又锻炼了人。为了创建无错水文站,全站职工精益求精,勤奋工作,从"3校"甚至到了"7校、8校",可见水文人全身心投入工作的责任感与崇高的团队精神。

艰苦的岁月磨炼了水文人的意志与毅力,年复一年地为水文事业而奋斗,也造就了水文人精益求精、严谨求实的工作作风和团结一致、艰苦创业的团队精神,这既是水文人优良的传统,也是使我终生享用的精神食粮。在我离开晋东南分站后的20年中,艰苦创业的团队精神和严谨求实的工作作风一直伴随着我,激励着我,使我能成功地为创建两个新单位——山西省水资源研究所与太湖流域水文水资源监测局做出了自己的贡献。

拓展业务开创了水文事业的全面发展

水文是水利的基础,水文是防汛抗旱的尖兵和耳目。水文人在战胜特大洪水与抗击特大干旱的战斗中确实起到了尖兵与耳目的作用,这是水文人值得骄傲的。同时,水文人为了向水利工程与国民经济建设提供科学的系列资料,固守在穷乡僻壤的水文测验断面上,付出了自己的青春、甚至一生,更是令人尊敬和钦佩。

记得刚到水文站时,汛期全站职工为抢测洪水坚守断面,非汛期则由1~2人留守断面,其他同志除整编资料外,主要是参加政治学习和接受思想教育,这就是当年水文站以"测、算、报、整"为主体的、戏称"固守断面"的工作模式。但这种工作模式随着上游工农业生产的发展,引用水量大幅度上升后,对只固守断面进行"测、算、报、整"提出更为切合实际的要求,逐步地修正为"测、算、报、整、调",进行径流的还原计算,为水利工程服务编制了《晋东南地区水文计算手册》,紧密为当地水利中心工作服务。随着社会经济发展和科技进步,水文工作也从单一的"固守断面"工作模式转向全方位为水利和国民经济建设服务。1971年为保证漳泽水库的安全,连续奋战5天5夜基本没有睡觉,及时向各级领导机关提供了可靠的情报,为防汛抢险决策提供了科学服务。为正确处理阳城县辽河水库的溃坝事件,连续1个星期在酷暑下进行暴雨与洪水流量的调查,为当地的防汛减灾进行技术服务。

1975年,水利电力部要求各地(市)级水文部门建立水质化验室,对基本断面进行水质检测,从而基本形成了以水文业务为基础,地表水、地下水观测为一体,水量水质监测并重的水文监测体系。

在最初进行水质监测时,由丁刚从水量测验转型而来,对当时发生在沁河汞超标结论无法解析,为了搞清其原因,我带领专业人员对沁河污染源进行了深入细致的调查,找出真正原因后,用充分的依据解释了汞超标结论。事实上,水文人在拓展业务、发展事业的同时,边干边学,边学边干,不断提高业务素质与水平,在完成技术服务同时,也逐步提高了自身在国民经济建设中的价值与地位。

回忆在晋东南水文分站工作的18年确实受益匪浅,特别是从"固守断面"走向为水利建设与国民经济建设全方位服务,这正是当前"大水文"理念的雏形,而这种理念伴随了我的后半生。不管是在山西省水资源管理委员会与水资源研究所的工作中,还是在水利部太湖流域管理局的工作中,都一直将"水文应主动服务于水利与国民经济各部门"的理念贯穿于我所从事的事业中,使我在山西省的水资源管理与综合研究中获得了十几项省部级科技进步奖。在战胜太湖流域1999年特大洪水中,为准确调度流域洪水做出了贡献。同时,在为太湖流域的水环境治理、太湖蓝藻治理、流域地下水、流域二等水准网的建立、水土保持、水质自动监测站的建立等方面都充分体现了这种理念,因此,我非常怀念这18年的生涯。

进入城市创造了水文人更好的工作和生活的条件

在我1965年刚到晋东南水文分站时,就见到了当时刚从部队转业到地方、担任分站指导员的张德盛同志,他一家3口居住在分站小院子西侧一间面积约十三四平方米的房内,旁边搭着一间三四平方米的小厨房,据说小孩在离分站一两公里远的村里小学上学。还有一部分同志的家属,在困难时期下放至农村成为农业人口,他们的子女也随之成了农业人口。当时的分站没有家属宿舍,因此,分站和基层测站的职工亲属,无论是农业或非农业人口,都分配不到住房。分站指导员还能住到一间简陋的平房,而那些被下放的职工家属则回到了农村老家,过起了两地生活,有些则是借住在附近的村子里,孩子们也只能在当地简陋、师资力量薄弱的农村校舍上学。这就是当时"先生产,后生活"管理模式。这种"只管生产,不管生活"的做法,必然对水文职工造成了很大的后顾之忧,进而产生了消极影响,也导致了一些优秀的同志调离水文部门,对基层工作造成了一定的影响。随着社会的进步,1975年,水电部决定将在全国所有地区级的分站迁入地区所在地,这是水文事业能得以迅速发展的机遇与人性化管理的体现,当然更是为水文人解除后顾之忧、提高福利待遇的大事。

晋东南分站是全省第3家获得批准建房的分站,但与先前已批准的临汾、忻州分站一样,建设占地仅限3~4亩,只建办公楼,没有宿舍,也就是说,仍然执行"先生产,后生活"的模式。但随着时间的推移和上级领导对水文事业与水文人的关心,并在同志们的共同努力下,晋东南分站在全省第一家征地达15亩,建设了单身宿舍和家属宿舍。当一部分老职工带着刚从农业人口恢复为非农业人口的一家搬入新建的家属宿舍后,真正有了一种"家"的感觉。

在当年晋东南分站选址、征地、设计和建造时,我尽其所能,不畏劳苦,特别是在选址、征地方面,恳请同乡、同学、老友帮忙,最终将分站确定于长治市中心地段。10多年前,长治分局用部分土地换来了部分家属宿舍,基本解决了职工的住房问题,这也算是物有所值了。

每当回想起在晋东南工作和与同志们朝夕相处的18年,回想起在工作上取得的一些成就的时候,心里觉得特别踏实和欣慰。在我即将退休的2002年夏末,有幸回到了阔别20年、已更名为长治水文分局的老单位,当看到我亲自设计并建造的二层办公楼与两层家属楼已更新成为高大、明亮、宽敞的多层办公楼,职工住宅面积达110~140平方米;当我看到穿着西装革履的水文人,坐在新型的宽大办公桌前工作;当我看到化验室里穿着白大褂的水文人,操控着更为先进的仪器设备进行着水质监测与分析;当我看到石梁水文站简陋的站房更新为楼房,河道上的缆道得到了更新,进一步保证了作业安全性;当我看到许多精神矍铄的老同志,他们居住在产权属于自己的住宅中安享晚年……这一切的一切使我感慨万千:水文站的面貌更新了,水文分局的面貌更新了,水文人更焕发出无穷无尽的青春活力,我真挚地祝愿长治分局在新的领导班子领导下,今后的水文事业与水文人将在"大水文"概念的指引下,事业更繁荣,生活更美好!

作者附记:

汤贞木(1942—2013),上海市人,1956年毕业于华东水利学院(现河海大学)水文系陆地水文专业,1965—1982年在晋东南分站(现长治分局)及测站工作,1983—1993年在山西省水资源管理委员会办公室与山西省水资源技术开发研究所(现山西省水资源研究所)工作,1993—2002年在水利部太湖流域管理局监测管理处(现水文水资源监测局)工作,教授级高级工程师,河海大学硕士研究生兼职指导教师,享受国务院特殊津贴。

在38年工作中,历任山西省水资源研究所所长、太湖流域管理局水文水资源监测局总工程师、局长职务。负责或承担的主要研究课题有:《山西能源基地水资源发展战略》《水资源系统分析及其数学模型》《城市用水的节水研究》《山西水资源利用》《缓解华北水资源紧缺的对策建议报告》《华北地区水资源管理项目的研究》《水资源评价、供需分析对策研究报告》等,其中获得省部级科技进步奖10余项。

加强党支部建设的回忆

郭 联 华

2011年,是中国共产党成立90周年。在全党全国各族人民满怀对党的热爱和忠诚,以实际行动迎接党的90华诞之际,分局《长治水文史略》向我约稿,此时此刻,使我回想起了1984—1995年主持长治分站党支部工作的那段经历。

我是1984年担任长治水文分站党支部书记的。当时分站仅有5名党员,分站党支部隶属晋东南地直党委。1985年,晋东南地区机构改革(长治、晋城实行市管县)后,分站党支部归属中共长治市直党委(后改为工委),并成立了分站支部委员会。

改革开放前,由于受"文化大革命"的影响,分站职工中派性比较严重,思想混乱,各项业务工作均受到不同程度的影响,在全省水文系统也是"重灾区"之一。在中共长治市直工委和省水文总站党委的正确领导下,经过整党、拨乱反正、否定"文化大革命",认真学习党的基本路线和邓小平同志关于建设有中国特色社会主义理论,使党员职工的思想觉悟有了显著提高。特别是通过整党,在群众中产生了比较强烈的反响,许多同志积极要求进步,主动向党支部汇报思想和工作情况,先后有16人向党支部递交了入党申请书,这是前所未有的大好形势。党支部抓住这一机遇,以不同形式对入党积极分子进行培养,十余年来,在工作骨干和基层测站发展了7名党员,给党支部注入了新的血液,壮大了党的基层组织。广大党员在争先创优各项工作中,充分发挥了模范带头作用,有多名党员被省、市党组织评为优秀党员、优秀学员、社教模范队员、优秀党员干部和好支书,为党支部争得了荣誉,1988—1994年分站党支部曾多次荣获中共长治市直工委"先进党支部"称号。

在加强与探索党支部建设方面,我们着重抓了以下两点。

一、认真做到"三个坚持"

一是坚持从严治党的方针。从严治党,是关系到党的生死存亡的大事,首先是解决好思想认识问题,通过学习《党章》、"准则"和"誓词",使广大党员认识到从严治党方针的重大意义,增强贯彻执行从严治党方针的自觉性,时刻牢记一名共产党员的使命与责任。第二是在工作中对每个党员提出以身自律的严格要求。如在整党中,根据上级党委的部署,各级党的组织要集中时间,集中精力,保证完成好整党任务。为此,党支部制定了严格的组织纪律,有名支委老伴住了医院,本人要求每天请10分钟的假,一直坚持到整党结束。还有名测站站长,临时请假回站安排工作,因家务事迟到了7天,回来后主动在生活会上作了自我批评,并向党支部写了书面检查。由于全体党员的共同努力和纪律保证,党支部圆满地完成了整党任务,受到了整党验收组的好评和中共长治市委的表扬。第三是对党员中存在的缺点和错误及时进行了严肃的批评和教育,决不姑息迁就。特别是通过民主评议党员工作,大家都能对照党员标准开展认真批评与自我批评,对少数问题进行了严肃处理,使全体党员受到了深刻的党性教育,进一步增强了党支部的凝聚力和战斗力。

二是坚持党的"三会一课"制度。这是加强党支部建设的一项基本制度。整党时期,我们基本上做到了每半个月召开一次支委会,每三个月召开一次支部委员会,每半年至少过一次组织生活会,及时研究党支部工作情况和组织发展中的问题。为组织实施好"三会",会前都要做好准备工作,首先支委之间要统一思想,有些会议内容可以会前通知大家,会上充分发扬民主,认真听取和尊重少数党员的不同意见。组织生活会要有的放矢,有针对性。批评与自我批评,既要严肃认真,又要实事求是,注重实效。如一次党支部向党员布置了写学习心得体会的任务,少数党员较长时间没有完成这项任务,党支部针对这一问题,组织了一次专题民主生活会,通过学习讨论,有关党员作了自我批评,使大家认识到这是党性和组织观念不强的表现。从此以后,再没有发生过类似情况。党课主要是通过学习党章和"准则",向党员和申请入党积极分子进行党的基本知识教育,深刻理解共产党员应具备的理想、宗旨和信念,树立正确的价值观和人生观。

三是坚持"三个基本"和"三个主义"教育。"三个基本"是马列主义基本理论、党的基本路线和党的基本知识,"三个主义"是社会主义、爱国主义和集体主义。这是提高党员和广大职工思想政治素质和理论水平,正确贯彻执行党的路线和方针政策的基础工作。用邓小平同志建设有中国特色社会主义理论武装我们的头脑,是做好思想政治工作中的一项重要任务。根据上级党委要求,分站规定每周星期五下午为政治学习时间,几年来,先后组织党员和职工系统地学习了马列主义的基本理论知识、《邓小平文选》和毛泽东同志有关著作、建设有中国特色社会主义理论、党的"十三大"、"十四大"政治报告以及中央领导同志的重要讲话……并将各组室的学习出勤率作为年终评比的一项内容。同时还开展了各种形式的教育活动,举办了政治时事现场答题竞赛、党的基本知识测验等,要求入党积极分子参加了市直工委组织的党的基本知识培训以及党规党纪和市场经济问题的考试并都取得较好的成绩。通过以上学习和活动,使广大党员和职工对有关社会主义的基本理论、改革开放的形势以及十一届三中全会以来党的基本路线和各项方针政策有了比较全面的认识和深刻的理解,更加坚定了共产主义信念。另外,结合"五四"、"七一"等重大节日,组织党员参观了武乡八路军总部旧址、八路军太行纪念馆和太行太岳烈士陵园,观看了《开国大典》、《三大战役》、《焦裕禄》等优秀影片,收听了《民主正气歌》。在纪念中国共产党成立70周年时,党支部举办了《光辉的70年》大型图片展。在毛泽东同志诞辰100周年时,党支部召开了纪念会,组织党员和职工观看了《伟人——毛泽东》录像,在党员职工中长期坚持了社会主义、爱国主义和革命传统教育,促进了分站机关两个文明建设,分站和石梁站被评为文明单位,涌现出了拾金不昧和勇斗窃贼的好人好事,多次受到驻地政府的表扬。

二、努力抓好"两个联系"

一是思想政治工作要同当前国内外形势密切联系起来。1989年北京等地发生"学潮"时,党支部及时组织党员和职工认真学习了《人民日报》社论和中央领导同志的重要讲话,及时传达上级党委的指示精神,收看了中央电视台播放的《血与火的考验》等实况录像。同时通过党内组织生活会和职工讨论等形式,向大家进行形势教育,要求每个党员和全体职工在历史的关键时刻,必须认清形势,站稳立场,和党中央保持高度一致,旗帜鲜明地反对资产阶级自由化。在这场激烈的政治斗争中,大家都经受住了严峻的考验,没有发生一件参与动乱的人和事。

二是同本单位的各项业务工作紧密结合起来。要求每位党员立足本职工作,确保各项任务的顺利完成。整党以来,通过党支部建设的不断加强和思想政治工作的深入开展,进一步调动了广大党员职工工作的积极性,各项业务工作都取得了较好成绩,"三水"资料连续多年在全省都取得了较好名次。特别是油房水文站和孔家坡水文站,在1982年8月2日和1993年8月4日两次百年不遇的特大洪水中做出了重要贡献,受到了国家水利部和省政府的表彰与嘉奖。1991年,长治分站海河流域的排污口的调查工作落后于其他分站,影响了全省工作进度,燃眉之际,党支部协同分站领导,组织在站全体党员投入这项工作中来。在参与这一工作的8名同志中就有6名党员,其中有4名党员已年过半百。大家不畏炎热,不计报酬,经过十几天的艰苦工作,顺利完成了12个县(区)、84个排污口的调查任务。总站分管领导来长治分站检查此项工作时,高兴地赞扬说:"我这次来晋东南分站,真正看到了党支部所发挥的作用……"

随着市场经济的发展,分站1988年成立了劳动服务公司,开办了知青商店,解决了当时部分职工子女的就业问题。1993年又组建了山西长治水文实业公司,公司的宝丽板生产当年收回投资,并盈利1.5万元。在水文实业公司的4名干部职工中,就有两名党员和1名退休党员。这些成绩的取得,也是和党支部的大力支持分不开的,特别是一些退休的老党员,退而不休,仍继续勤勤恳恳地为水文事业奉献余热。同志们称赞他们是永远不松套的"老黄牛"。

回忆这段历史,感受颇深,十多年的支部工作,使我学到了许多知识,同时也存在有一定不足。火车跑得快,全凭车头带,要建好一个党支部,最关键的是选出一个好的支部班子,特别是要搞好班子团结,团结才有凝聚力,团结才有战斗力。书记要当好班长,委员之间要互相支持,互相谅解。毛泽东同志在《党委会的工作方法》一文中指出:"谅解、支持和友谊,比什么都重要。"这就是我最深刻的一点体会。

作者附记:

郭联华,男,1936年1月10日生,长治市郊区关村人。1955年参加工作,1962年加入中国共产党。

1958年—1962年,由山西省农业建设厅保送到中国人民大学农业经济系(本科)学习。

1962年—1973年,在省水利厅和省农林水利局工作,曾任物资供应站计划科科长和省水利厅机要秘书等职务。

1974年—1978年,调长治电缆厂工作,任车间党支部书记。

1979年调晋东南水文分站工作,任站长和党支部书记,1988年任工程师,1994年任高级经济师,1996年退休。

1988年和1989年,中共长治市直工委授予"优秀共产党员"和"好支部书记"的荣誉称号。

1991年参加省委第四批农村社教工作队时被评为模范工作队员。

《水文概述》和《浅谈加强党的基层组织建设》两文,分别被《长治年鉴》(1986·首刊)和中共长治市直工委编辑的《机关党的建设初探》采用。

天地无情　人间有爱

——晋东南地区"93804"暴雨洪水调查回忆

杨海旺

　　晋东南地区"93804"暴雨洪水，将要过去20年了，这是我一生从事水文工作所经历的最大一场暴雨洪水。当时，我在晋东南分站任站长，协助省水文总站并参与了这场暴雨洪水调查，同志们栉风沐雨、披星戴月、风餐露宿、不畏艰辛的敬业精神，给我留下了深刻的记忆。

　　1993年8月3日至5日凌晨，晋东南发生了百年不遇的特大暴雨，强度之大，笼罩范围之广，持续时间之长，为历史罕见。由于前期雨量充沛，土壤含水量呈饱和状态，这场暴雨导致山洪像猛兽一样携带泥石咆哮而下，冲塌堤坝桥涵，冲毁公路房屋及良田，给工农业生产及人民生活造成了很大灾害和经济损失。为了把造成洪灾的这次暴雨、洪水来龙去脉、暴雨特性及其时空分布、各河流的洪峰流量及洪水总量搞清楚，遵照王文学副省长、省水利厅领导指示精神，水文总站组建暴雨洪水调查组，于8月6日抵达沁源县孔家坡水文站。晋东南分站同时抽调11人加入调查队伍。按照总站领导的指示，调查队伍和调查业务由总站统一安排，后勤保障、食宿安排由晋东南分站负责。

　　据实测资料表明，孔家坡水文站上游雪河雨量站24小时降雨量215毫米，24小时面雨量为148毫米，伴随着特大暴雨，导致了山洪暴发。孔家坡水文站在李先平站长带领下，冒着生命危险测到了设站以来最大洪峰流量2210立方米/秒，并及时报向省防汛指挥部。省防指接到报告后，立即通知沁河下游安泽县做好防大汛准备。由于孔家坡水文站及时报汛，为下游赢得防汛准备时间，当洪水到达安泽县城时，低凹地带水深3米，稍高地带水深2米，但无人员伤亡，损失降到最小。因此，孔家坡水文站受到沁源县政府、省水利厅的表彰与嘉奖。

　　调查工作先从沁源开始。参与调查的同志工作起来都很积极主动，不知苦累与疲倦，每到一个调查点，便立即投入紧张而有序的工作，查阅地图的，寻找洪痕的，丈量距离的，绘图计算的……经过近20天的时间，调查队风餐露宿，日夜兼程，白天野外调查，晚上分析计算,搞清了沁源县境内暴雨的来龙去脉和沁河、聪子峪河、赤石桥河、景风河、白狐窑沟、狼尾河6条河沟及水磨上村、河村、郭道村、棉上村、桃坡底村、永和村、自强村、交口村、长东村等9个河段洪水要素后,调查队伍便赶赴潞城市。

到潞城后才了解到,不到一个月时间,潞城市境内发生了两次暴雨洪水。第一次是7月9日,那次暴雨降水范围小,历时短,强度大;第二次是8月4日,其特点与沁源县相同。潞城市境内有石梁水文站、潞城气象站、五里后和辛安雨量站,仅这4个雨量站观测资料远远不能控制本次暴雨的时空分布。为了搞清暴雨笼罩范围和分布情况,又对黄牛蹄、黄池、店上等9个村庄暴雨作了调查。根据暴雨重现期的估算,"93709"暴雨中心冯村1小时雨量148毫米,重现期为500年一遇;面雨量75毫米,重现期为190年一遇;"93804"暴雨中心神头岭24小时雨量249毫米,重现期为300年一遇,面雨量161毫米,重现期为180年一遇。"93709"洪水主要对冯村沟洪水调查和对黄牛蹄水库入库洪水进行推算,"93804"洪水,对全县境内南大河、冯村沟、漫流河等6条主要河沟河段进行了调查。

8月4日,在甘(亭)林(州)公路长治开往河南林州一辆客车驶至韩家园路段时,司机发现公路上有积水,让助理下车看个究竟,助理刚下车看到山洪冲下来,便迅速躲开,刹那间,洪水咆哮而下,将客车冲进河槽,车在河内连翻几个滚,甩下车的人全被洪水卷入黄牛蹄水库。长治市政府接到失事报告后,迅速和驻军联系,立即赶往现场施救,对冲进水库的遇难者进行打捞。水库附近村民在目睹打捞的同时,也憎恨老天给人间降下的灾难。

在潞城调查的一个晚上,想到这次调查任务的复杂性和艰巨性,想到人民生命财产遭受这样大的灾难时,我辗转难眠,想来想去得出这样一个结论:天地无情,人间有爱!天若有情,就不该降这特大暴雨,造成人间这样惨重的损失;地若有情,就不该有这高山峻岭,给人间带来如此巨大灾难,故曰:天地无情。所谓人间有爱,我认为孔家坡水文站的同志冒着生命危险测到了特大洪峰流量,并及时报向省防汛指挥部,确保了下游人民生命财产的安全,奉献出人间真爱;客车失事,解放军积极抢救落水者,打捞遇难者遗体,是奉献人间之爱;我们调查队栉风沐雨,风餐露宿,搜集可靠的水文资料,为今后防灾减灾提供可贵的依据,也是奉献人间之爱。一首歌唱得好,只要人人都献出一点爱,世界将变成美好的明天,至此,我才安然入睡。

有一次,在漫流河调查,刚测量完,突然下起雷阵雨,所有人顷刻被淋成"落汤鸡",我担心年近古稀的郭工身体吃不消,让把雨伞给郭工撑上,可郭工说:"我没事,保护资料、仪器要紧。"这虽是普普通通的一句话,却反映出一个老共产党员时时处处以国家利益为重的优秀品质和高尚情操。

潞城调查结束后,调查队和该县水利局的同志进行了座谈,双方就洪灾成因及防范措施发表了很好的意见。

洪灾成因:

1.潞城市境内大部地区暴雨重现期均在百年以上,小河沟洪水是超过防御标准的天灾。

2.干部群众防患意识淡薄。

3.部分群众在河道中筑堤建坝,植树造田,降低了河道的行洪能力,正如潞城市水利局局长所说:"人不给水留路走,水就不给人留生路"。

4.多年来缺乏治理,河床淤积,水位抬高,遇到此场暴雨洪水破堤而出,造成灾害。

防范措施:

1.针对暴雨洪水调查成果及防洪救灾经验教训,要进行宣传教育,克服麻痹思想,增强防患意识。

2.采取有效措施,对河道、沟渠进行清障治理,提高行洪能力。

3.修复水毁建筑,如桥梁、涵洞或在今后厂矿、学校、民用建筑中,应参考洪水调查成果,确保免遭暴雨洪水袭击。

告别潞城,调查队马不停蹄赶往后湾水文站,对后湾水库以上暴雨洪水进行调查。

后湾水库建在浊漳河西支干流上。流域控制面积1296平方千米,占整个流域的76.5%,干流长54千米,中途有郭河、圪芦河、白玉河三大支流汇入。后湾水库上游呈葡萄串型坐落着9座水库,控制面积651.3平方千米,占后湾水库控制面积的50.2%。"93804"暴雨在沁县区域空间分布特点是暴雨中心突出,四周大小不一,暴雨中心外围西北大,东南小。暴雨在本流域和沁河流域这两流域内大致呈葫芦形,为东西向走向。

本次暴雨量大,后湾站1小时最大降雨量74.0毫米,4日12时—15时降水97.2毫米。后湾水文站观测项目齐全,资料完整,利用该站资料进行洪量计算,为本流域水量平衡奠定了基础,对上游其他水库资料不全、观测精度不高等问题,在分析计算中都适当做了插补处理。经过分析计算,确定了沁县迎春河、端村河、石板河、景河5个河段洪水调查成果及后湾水库以上9座水库入库洪峰流量。

在长治市水利局,沁源县、沁县、潞城市3县市水利局的协助下,经过两个多月的野外调查、测量和内业(绘图、制表、点画曲线)分析计算,圆满完成了晋东南"93804"暴雨洪水调查任务,编写出《沁源县"93804"洪水调查研究报告》、《沁县(后湾水库以上)"93804"洪水调查研究报告》和《潞城县"93709"、"93804"暴雨洪水调查研究报告》。这三个报告均通过专家评审,同时也得到省水利厅的认可与肯定。

回顾20年前晋东南"93804"暴雨洪水整个调查过程,我想得很多很多,但有一个观点却久久萦绕在我的脑际,那就是天地无情,人间有爱!

作者附记:

杨海旺,男,1941年生于运城市,1964年8月山西水利学校专科部毕业后参加水文工作。先后在运城、临汾地区水文分站工作,曾任运城地区测站站长、分站团支部书记,临汾地区水文分站党支部副书记等职,1989年9月调任晋东南水文分站站长,1994年12月调运城水文分局工作,任副局长兼党支部书记。2001年退休。

追忆似水流年

王 秀 云

春秋代序,光阴荏苒,岁月往矣。转瞬之间,奔忙于单位与家庭繁杂的事务之中,不知不觉已人到中年,曾经的青春已经渐行渐远。望着高出自己半头的女儿,偶尔也会感叹时光的匆促,面对肩头的责任种种,唯有选择全力前行。

长治分局的一纸约稿函,打开尘封的记忆,我曾经生活、工作了6年之久的那座绿树掩映下的办公楼跃然眼前,我的朋友,我的同事,他们都好吗? 我怀着感恩、追忆的心情写下这段文字,谨以此献给自己的青春岁月,也借此感谢当年给予我许多帮助的朋友和同事们。

报 到

1988年7月,大学毕业后我被分配到省水文总站,后经总站安排到晋东南分站工作,办理好相关手续,我于8月份带着总站的调函前往长治报到。

一下长途车,我便打开抄好的字条,"上党战役旧址附近"、"长治市长太路5号"……上党战役旧址很著名,很快便找到了,而长太路5号或水文分站却怎么都问不到。上学期间,我虽多次路过长治,但仅是中途换车而已,对长治市区并不熟悉。从上党战役旧址往北一直走到建东路,又从建东路返回上党战役旧址,来回走了两次,也没见到分站的踪影。时值盛夏,炎炎烈日已让人心烦意乱,来回奔波更使人疲惫不堪。那个年代没有手机,也罕见公用电话,情急之下,我从上党战役旧址开始,一家不落地向沿途的商店打问,没走多远,进入一家小小的日杂店,听到我的询问,售货员热情地说:"这里就是水文站。"里外打量一下,没有任何标识,越发感到疑惑:"一个小商店而已,怎么成了水文站?"对方笑答:"这是水文站开的商店。"经指点,我终于找到了位于宿舍楼后面的办公区。

时任晋东南分站站长的霍葆贞同志看过调函,简要介绍了单位的基本情况,随后征求我的意见:如果愿意留下来,按照调函的要求,从7月份起为我计发工资,如果觉得不合适,可以带着手续返回总站。渴望早日独立的我,怀着对未来的憧憬领到了自己的第一份工资。

走 进 颗 分 室

上班之后,我住在办公楼二层的客房,吃饭是在后院的食堂。由于机关住单身宿舍的只有我一人,下班后整个楼层鸦雀无声,空空荡荡。宿舍里除了两张床铺便是一堆书籍,窗外是一排挺拔的梧桐,出门即见单面楼外翠绿的松柏。远离了熙熙攘攘的校园,没有了同学的热闹与喧嚣,如此静寂的环境虽然舒适却让人深感寂寞,好在琐碎而繁杂的颗分工作充实了随后的生活。

那年正好有延河泉域的一个重点项目,分站被委托做大量的泥沙分析,加上各水文站送回的沙样,到8月底,样品瓶已经在工作台上摆得满满当当,还陆续有人送来新的沙样。为尽快完成任务,分站安排我到颗分室协助工作。在老同志的悉心指导下,从清洗一盘盘烧杯开始,我边学边干,认真鼓捣起那一瓶瓶泥沙。

住宿在二楼,吃饭在后院,颗分室在一楼。三点一线的距离总共不过百米。尚无任何牵挂的我除了吃饭睡觉,大部分时间待在办公室。上班时间跟同事一起去做在时间、精度等方面要求较高的工作,晚上没什么事情,就独自去做一些计算、校对、清洗烧杯等简单的工作。除了工作量较大的原因外,一是因为经常会有人去门卫室看电视、聊天,一楼比静谧的二楼更有安全感;二是一旦闲下来就会很无聊,有具体的工作可做反而感到很踏实。一遍遍重复相同的程序,一杯杯洗掉废弃的泥沙。经过三四个月的努力,所有分析任务圆满完成,我也对新的环境有所适应。

心 虚 的 日 子

做完全部沙样之后,颗分室的工作告一段落,单位的工作重点转向"三水"资料整编,各水文站的技术骨干被抽调回来,平时只做两三个人饭菜的师傅忙不过来,手头没有什么工作的我被安排到厨房帮忙。

按说20多岁的人在厨房干点杂活应该没有"技术"问题,可偏偏也有例外。随外婆长大的我,少年时代所有的课余时间仅忙于割草、拔野菜、收集一切可以喂食的东西喂养兔子,其他的家务均由外婆操持。外婆去世那年,我考入理工大学,假期回家,一向疏离的父母待我如客人一般。所以直到走上工作岗位，自己几乎没有做饭、炒菜的任何经验。

接到新任务的第一天，我忐忑地走进厨房。还好，分配给我的工作仅限于择菜、洗碗之类。一大把葱很快剥好、洗干净，我拿起刀试着去切，大概是案板有些倾斜，加上葱段切得较长，每切一下，葱白都会向一边滚去，碰巧一位测站职工走进厨房，看到我笨拙的举动，他开玩笑地说："你这葱切得像在开采原木，先顺着切几下不就好了？""原来可以这样？"我哈哈大笑。

过了几天，食堂要给大家蒸包子吃，我心里想：包子破了就难看了，所以在动手时把皮擀得厚厚的，把每个包子都捏得严严实实，第一锅包子出笼，我暗自庆幸：总算没有破的。首战告捷，继续如法炮制，就在我喜滋滋地继续忙活的时候，一位就餐者大声嚷嚷起来："喂，大学生！包子从东头都吃到西头了，也没吃着包子的馅儿。"话音未落，食堂里已是笑声一片。

资料整编结束后，我告别了那份力不从心的工作。虽然在厨艺方面没什么长进，但是那段经历让我与平常难以见面的基层职工迅速熟悉起来，来自他们的关心与帮助让我感到更加温暖。

地 下 水 监 测

1989年春节之后，我被安排到地下水监测科工作。从资料审核、图件绘制到计算机的使用，老同志们言传身教，不厌其烦。我也把所学知识与实际工作相结合，努力完成好自己担负的每一项任务。

监测井检查与统测是地下水的两项重要工作。测井检查时，跟同事一起乘长途车到达某个县城，在地图上确认好要找的地方，然后各自租一辆除了铃儿不响到处都响的自行车，深入到田间地头；地下水统测时，冰天雪地里带着自行车走一半骑一半去寻找目标井位。那时候，路途远一点不怕，多走会儿就好了，最沮丧的事情是大老远跑去观测员家里没人，人生地不熟，任你满村打问也不见踪影，最担心的是租来的自行车突然爆胎，最恐惧的是在村头、路口碰到突然蹿出的大型犬。好在几年下来，虽多次与它们狭路相逢，倒真的没有被追咬过。水质采样、野外调查之类的工作虽然很辛苦，但毕业于水文地质专业的我却乐此不疲。

温暖的记忆

在长治的那些日子,我不仅在工作上得到大家的支持和帮助,在生活上同样得到许多关心和照顾。

郭联华书记体谅我一人独处的寂寞和无聊,经常邀请我到他家里做客,时间久了,我和他的每位家庭成员都特别熟悉,他的女儿则成为我无话不谈的朋友。她带我到公园跑步,到郊外爬山,甚至带我一起去探望她的亲友。

我的女儿出生之后,许多始料不及的困难进入生活,在那段手忙脚乱的日子里,她肆意的哭声成为特殊的求助信号,每每会招来同事们关切的问候。

告 别 长 治

1995年初,为解决两地生活问题我调离长治,1月6日,分站召开座谈会,为我和同期调出的杨海旺同志送行。之后,我带着对大家的深深眷恋以及同事们的美好祝福,踏上新的旅程。

光阴流转,16个年头过去,长治分局的面貌早已今非昔比,我的小小女儿也在不经意间长大成人。流逝的是光阴,留下的是真情,祝愿长治水文蒸蒸日上,祝愿我的同仁幸福安康。

水文情结永难忘

温 志 毅

随着1996年"退休证"的领取,意味着自己即将进入人生暮年。岁月匆匆,人生苦短,青春早逝,壮年不回。面对眼前的"退休证",我浮想联翩:在水文战线上工作了18年,调回武乡县水利局工作22年,在流逝的岁月里,我曾经拥有过美好的青春志向,也拥有过远大的理想抱负。当长治水文分局的同志约我写篇回忆文章时,又一次勾起我对往事的回忆,我虽年近耄耋之年,精力不济,但我还是想把记忆中最深刻的点滴写出来,以告慰逝去的青春年华和我思念的同事们。

太行山里度青春

我原本是长治专区水利局的实习测量工,1956年被保送到省水利干部训练班学习,1957年6月结业后,先后在忻州豆罗水文站、永济伍姓湖两个水文站工作近一年时间,后来参加了省里集中的"反右"运动培训后,由省水文总站的郭汝庄带领黄秋生、杨秋景和我,前往陵川县勘测,设立甘河水文站。我们3个人在郭汝庄带领下,很快就进驻甘河村,开始了甘河水文站的规划、勘测、建设工作。实事求是地讲,在20世纪50年代,工作中遇到的困难还是很大的。首先是道路不畅。甘河水文站地处太行山深山峡谷中,所处位置为晋豫两省交界处,山势峻险,道路崎岖,距陵川县60多千米,距河南辉县地界2千米,而那时没有个像样的公路,交通十分不便,购买些建材和办公用品,都需要肩扛人挑,来回徒步200多里路,好在我们的工作得到了陵川县洪水乡、马疙当管理区和甘河村干部社员的支持与帮助,使站址、测验断面位置很快确定下来,并建起了水尺、标志牌等测验设施,保证了当年汛期测验工作的正常进行。另外一个困难是经费紧缺,设站要一切从简,好多事情都是我们亲自动手干。在修建简易站房和观测房的十多天里,站长黄秋生身先士卒,带头苦干,我与杨秋景俩争先恐后,从不示弱,我们仅是雇了村里的一名木工。全站同志发扬以苦为荣、艰难创业的精神,使该站顺利实现了当年勘测设站、当年开展观测、当年参加资料整编的工作目标。时至今日仍可以自豪地说，当年甘河水文站的工作，上级领导满意，分站职工赞扬，我们深感欣慰，就连相邻10千米的河南辉县薄壁水文站站长也竖起大拇指说："你们选得这个站址我们曾经勘测过多次，终因地形条件恶劣未敢确定下来，最终还是被山西家'占'去了，你们山西人真行！"我们同河南同行开玩笑说："还是河南人行，一亩地能挖10万斤红薯呢！人有多大胆，地有多大产嘛！"

那时，基层职工爱站如家，汛期没有特殊情况不可以请假回家，整个汛期要保证全员在岗；汛前汛后也同样要坚守岗位，进行资料分析、整理等；工作闲暇时，大家在一起开荒种菜，打柴做饭，过着恬静而充实的田园般的生活。

独守深山尽职责

就在1958年农业大丰收的大好形势下，甘河水文站却不容乐观，先是站长黄秋生离站参加资料整编时，借回河北武安老家探亲一去不归，二是同事杨秋景回家结婚再不返站。之后想起两个人的事，事前还是有一定的先兆的：因为站长黄秋生不止一次念叨说做教师的老婆与他闹离婚；杨秋景的老父在长治街上与我偶遇时，曾让我转告杨秋景回家结婚。想到这儿，我才恍然醒悟，原来朝夕相处的两位同事是"各办其事"去了，而他们的不辞而别，却成了我们之间永久的离别！

往日3个人的水文站，一下子变得冷清了许多，我独居一隅，形单影只，无依无靠，每天独自观测水位、施测流量、烧火做饭、面对穷山恶水，特别是到了冬季大雪封山、月黑风高的日子，更是孤寂难耐，恐惧感不时袭上心头。记得一个冬日的深夜，睡熟的我被吱吱扭扭的门声惊醒，原以为是野狼或山豹蹿进村子来觅食，可朦朦胧胧中感觉像是一个人，这时的我越加心惊胆战，不知所措。情急之下我急中生智，挥动起床头的手电，大声吆喝，那人迫于我的"攻势"才退出门。对峙中，我发现来者并不是什么恶人，原来是河南一逃荒者找地方避风寒来了……就是在这样的环境中，我一直坚持到甘河水文站撤销，成为该站最后一名离站者，尽到了一名水文工作者应尽的职责。

水文情结永难忘

从1958年到陵川县甘河水文站工作，到后来的陵川县上郊水库开展水文观测，我在那里工作、生活了近4个春秋，太行山深处留下了我的心血汗水，也曾经赋予了我青春梦想，还缔结下了深厚的水文情结。在甘河水文站期间，邸田珠、王增国等同志曾到过甘河水文站，同志们相见甚是亲切，其情景我至今还记忆犹新。在与邸田珠一起到甘河下游考察、测量辉县平田村瀑布高度时，因为山势陡峭、山路湿滑，邸田珠一再叮嘱我千万注意安全；王增国在看到我灶台上的锅碗瓢盆时深表同情，鼓励我要发挥好团员作用，做好岗位工作，让领导放心。使我印象最深刻的是在王增国走后不久一个天空晴朗、气爽风柔的日子，郝富仁科长突然出现在我的面前，他告知我即日起撤销甘河站，并决定派我到陵川县上郊水库开展观测。

我是与总站郭汝庄结伴走进太行山大峡谷，专署水利水保局水文科郝富仁科长与我同行返出陵川县甘河水文站的。在撤销甘河水文站的次日，我与郝富仁科长便踏上了返程。在到陵川县60千米山路中，我们一路走来，谈笑风生，心情很是愉快，记得中途还在一个村子里吃了顿"大锅饭"，郝富仁科长还执意将饭钱和粮票留给食堂的管理员，并向食堂的同志赠送了一块肥皂，以示感谢。

郝富仁科长将我在上郊水库的工作安顿好后，说要到陵川六泉雨量站去检查，便匆匆上路了。当时，我非常感动地说："你真是我们的好领导，在工作上我要向你学习，终生做个合格的水文人！"

岁月匆匆，人生苦短。我离开甘河、陵川已经50多年了，因故半路"出家"，离开了水文部门，终生做水文人的壮志未酬，这已成为我今生的一个遗憾。而我对水文事业的执着和与同志坦诚相处中缔结的水文情结，仿佛就是一股精神暖流，足够我细细品味，享用终生。

缘　分

陈 日 初

　　我出生在浊漳河畔一个小村庄,村庄三面环水,河水终年不断,可以说我是看着浊漳河、喝着浊漳水长大的,没曾想后来上了省水利干部培训班,再后来又成了一名水文工作者,与水结下不解之缘。

　　我参加工作的第一站是在长了县东王内水文站,站长是郝苗生同志。当时,基层测站条件非常差,没建站房,也没有过河测验设施,测验断面上仅建有一小间再简易不过的值班房,办公、住宿全是借住村里的民房。河水小时用流速仪施测,遇大的洪水时则改用浮标施测。有时为抢测洪峰或提高测验精度,郝苗生同志总是凭借其会游泳的优势,奋不顾身,赤身下水,一个测点一个测点地施测,其艰辛和危险是可想而知的。因为我生在河边,长在河边,凫水不在话下,自己恰巧又从事了与水打交道的水文工作,也许这就是一种缘分吧! 参加工作的当初,我就有种如鱼得水的感觉,也从内心喜欢上了水文职业。

　　参加工作后的第二年,便进入了"大跃进"和"人民公社化"运动,工农业生产和建设片面追求高速度,晋东南地区水利工程建设盲目上马,小水库建设星罗棋布,致使多处水文站测到的不是天然径流状况,不得不作调整。随着1961年6月东王内站的撤销,我调到了襄垣西邯郸水文站工作。西邯郸站相对于其他站来说,条件算是比较好的,这个站是1952年由国家水利部工程总局在潞城县石梁、襄垣县大黄庄设立的3处水文站之一,建有站房、烘沙间、厨房,测验断面上有值班房、平板房和浮标棚,但仍无过河测验设施。当时该站有6名职工,站长为张贵生。因为我的水性最好,每逢涨水时,我总是自告奋勇,赤身涉水测流,时间久了,这项工作自然就落在了我的肩上,而我却没有丝毫怨言,从不喊苦叫累。而在1964年的一天,包括站长张贵生在内的5个同事,突然背起行囊集体离去。他们这一突如其来的行动,着实把我也搞糊涂了。分站得知这一情况后,立即派胡美珍同志来到西邯郸站,与我两个人才把工作又支撑起来。不长时间,罗懋绪同志二度出任西邯郸站站长,接着将张龙水同志也调来了,西邯郸站的工作才正常运行起来。事后才慢慢知道,5个同事集体离站的原因,一是嫌水文站工作艰苦,觉得没有什么熬头,二是受当时"当干部不如回家卖红薯"的极左思潮的蛊惑。故此,与我一起在太原学习水文专业、又一起走上晋东南地区水文工作岗位的同志,这期间竟走掉了2/3。

20世纪60年代后期,各地水库相继建成,全省、全晋东南地区水文站网进行了再次调整后相对稳定下来,也就是从那时起,水文测站办公基础设施开始逐步改善,测验设施陆续建起,水文专业人员逐渐增多,水文事业走上稳健发展道路,特别是进入20世纪70年代以来,水文工作先由单一的地面水测验发展到地下水、水质监测"三水"齐驱并进,再到水雨情测报自动化实现跨越式的技术变革,使我这个20世纪50年代参加水文工作、在水文战线上奔波了30多年的老水文工作者,深为水文事业的蓬勃发展、持续进步感到由衷的高兴和自豪。

回想晋东南水文事业的发展,我感慨万千:因为我热爱水文工作,对"水"情有独钟,与"水"结下缘分,所以30多年来,我为水文工作志存高远,对水文事业忠贞不渝,特别使我感到欣慰的是在国家非常时期,我守住了寂寞,耐住了清贫,经受住了考验,直至为水文事业奉献到退休,光荣离开工作岗位。今天,当我目睹到水文事业日新月异的变化和水文工作在经济社会建设中发挥出了重要作用时,作为一名水文老兵,心情是格外的兴奋和激动,我衷心祝愿我们的水文事业明天更美好!

曾经水文三十年

安 建 民

1976年9月,我自省水利学校毕业后,分配到后湾水库水文站工作。报到那天,我先是背着行李卷步行5里路到镇里,然后搭乘班车去报到的。然而出师不利,当车行至襄垣夏店村附近时,因开山修路,再加之雨后道路泥泞,班车一时无法前行了,急不可耐的我于是背上行李,挽起裤腿,徒步30多里路来到了后湾站,由此开始了我的水文职业生涯。

后湾水库水文站,担负着后湾水库水情、雨情等项目的测验、分析及资料整编等工作。由于自己初来乍到,年轻力壮,勤奋好学,各项工作都是积极主动去做。后湾站的水情电报,是要去3里外的虒亭镇邮电所拍发,记得一次刚出门走出不远时,就见电闪雷鸣,狂风四起,大雨倾盆,使人难以行走,狂风吹掉了手中的雨伞,泥泞埋掉了一只雨鞋,而我也顾不得那么多,只是把电报稿紧紧揣在怀里,光着一只脚艰难地到了镇邮电所,将水情电报准时发了出去。

后湾水库水文站当年还没有属于自己的站房,办公借用着后湾水库管理局的两孔窑洞,吃饭也在水库管理局食堂,那时因电力供应紧张,夜间照明常常用的是煤油灯,条件很是简陋。站里两位老同志和家眷均蜗居在后湾村自己挖的土窑洞里,多数情况还是我一个人待在站里,孤独而寂寞,枯燥且单调,一度我曾产生了"跳槽"想法,后在组织和老同志的教育和鼓励下,又使我重新燃起立志干好水文工作的激情和信念。1987年,我光荣地加入了党组织,从那时起,我对自己的要求更严了,工作热情更高了,信心更足了。

1979年,因工作需要,我由后湾水库站调到漳泽水库站工作,不长时间,组织上决定由我全盘负责该站工作。1986年9月,为解决职工子女就业问题,总站批准老职工退休可由子女顶替接班,站里4个人除我外,全成了十八九岁的年轻子弟兵,他们一没专业技术,二没工作经历,我感到工作压力大、责任重。多年来,为使他们学习、掌握好每一项技术,我悉心指导,从严要求;为培养他们尽快熟悉水文业务,我事必躬亲,言传身教,使他们在思想上、工作上都进步很快,而我却总是因为忙,顾不得回农村老家多照顾年迈的父母和务农的妻子。令我至今仍痛心疾首的是我4岁孩子,因生病治疗不及时而患脑炎夭折!事后,我爱人也一度精神恍惚,哭闹无常,游走四方,医院确珍为精神分裂症……今天,当看到我曾经关心、照顾、培养过的水文后辈有的担任了站长职务,全面主持着一个站的工作,有的成为业务上的骨干,在工作中能独当一面时,心头方觉得有丝丝欣慰,一种自豪感油然而生。

1994年,我再度回到后湾水库水文站工作,虽然离家又远了些,但我个人利益服从了工作需要,把心全部操在工作上,生活上仍一如既往地去关心、体贴他人,我曾主动要求连续3个春节在站上度过,把更多的欢乐和温馨留给了站上的同志及其家人。在2003年创建文明标准水文站活动中,作为一站之长的我,动员和号召大家能不花钱办了的事,决不去花钱;能自己动手干了的事,决不请人干。围墙粉刷、站院平整、道路整修、绿化美化、标语书写等,都是由我亲自动手或带领大家一起干的,为国家节省了一定的资金。在省局组织文明水文站验收时,后湾站顺利通过验收,并评为文明水文站,我本人也被评为创建活动先进个人。

屈指算来,离开工作岗位已有5年多时间了。每当回想起曾经倾洒过心血和汗水的工作岗位,回想起朝朝暮暮相处过的同事以及从事水文职业30年来的经历,昔日的情景就像电视一样,一幕一幕地浮现在我的眼前,令我难以忘怀。

第四章　水文情愫

在水一方

任 焕 莲

仲夏,我来到距市区百十里外的后湾水文站工作一段时间。

临近目的地,只见碧波荡漾的湖面上泛着几叶小舟,湖水四周青山环绕,天水一色,水利枢纽坝体下,柳绿花红,荷花初绽,鱼儿不时地跃上水面,争食游人的施舍,煞是赏心悦目,仿佛置身于景色迷人的江南鱼米之乡,特别是雨过初晴,太行山腹地这方自然景观愈加旖旎妩媚。如果说久居喧嚣闹市的人们精神能在这里得到放松,情操得到陶冶,灵魂得到净化的话,那么,长年累月工作、生活在这里的水文人,该是何等舒心、惬意!

水文站坐落在水库大坝北侧,小院近乎农舍,但收拾得干净利落,院内种植的花草、蔬菜,为小院平添了几分生机,同时也显示出主人的勤劳。一间并不宽敞的办公室,放着张稍大的办公桌,桌子周围摆着三四把老态龙钟的木椅,容纳小站的人们在这里办公;几间单身宿舍是清一色的,一张桌,一把椅和一张床,每间宿舍放着的蜂窝煤火炉,告诉我都是自立锅灶。扫视下屋里屋外,没有一处文体活动设施,就连早已进入寻常百姓家的一台普通电视机也没有,我不禁为这般生活环境感到怅然若失。站长见我疑惑不解,似乎无奈地解释:咱这里一是经费紧张,二是电视收视效果也不好。

小站的生活,是枯燥、俭朴和清苦的。

然而,站里的3名职工,个个精神饱满、热情、认真。刚到那天,他们便陪我熟悉小站的情况,坝上坝下、溢洪道、尾水渠、观测房等观测场所逐一向我介绍,并向我演示了如何操作、如何读数、如何分析计算。从他们那一丝不苟、十分专注的神情上看出,水文人有着严谨的工作态度和崇高的职业操守。

行业的特点确定了工作性质。每当汛期来临,小站便进入临战状态,不分昼夜全天候运作,观测水位,施测流量,拍发水雨情报。一遇暴雨洪水,他们全体出动,顶风冒雨,不畏艰辛,奋力抢测,甚至置个人安危于度外,而后将测到的一组组数据,译成一组组电码,再传向国家防总和有关部门、生产企业,为他们防汛抗洪提供决策依据。这一组组数据和一组组电码,就是他们最好的功劳簿!

我佩服小站的人们,他们远离家人,独守寂寞,淡泊名利,日复一日,年复一年把安宁和希望送给人们,将艰辛和孤独留给自己,默默无闻地奉献着青春、热血,甚至将毕生奉献给这里的青山碧水,修筑着永不会竣工的生命工程。

在水一方的水文工作者,是我心中最崇敬的人!

(本文原载1999年9月6日《上党晚报》)

夏天的故事

牛 二 伟

随着夏天的来临,天热了,风多了,雨也多了,暴雨、冰雹、山洪、干旱,随时都会出现在水文人面前,共同演绎着属于水文人的故事。

那还是实习时期的一个夏天,炎热的夜晚,我们在石梁水文站实习的几个同学刚进入梦乡,忽然间站内警铃大震,站上的张会计叫醒了我们:河里发水了! 我自告奋勇地登上了缆车,同时与我上去的还有站上的一名女职工。缆车先要经过一片滩地,探照灯下的滩地很不明显,也感觉不到晕车。在缆车一进入河面后,灯光下的河水波涛汹涌,特别是那翻滚的浪花,好像在看立体电影一般,劈头盖脸向缆车扑来,好在缆车高于河水,浪花还是在我们的脚下走开了。在河中,女职工拿起采样器,打入河中,我在慌神中,赶紧取出采样瓶,等待采样器提起来接样。其实,当时我的脸是苍白的,好在夜晚的灯光看不到我细微的表情。我惊叹女职工在河道上的驾驭能力,也初次感受了水文人风里来雨里去的真正含义,第一次上缆车收获的是惊喜,感觉到的是惊心,体会到的是艰辛。真想不到简简单单的水文人,还要在夜里、在雨里、在洪水中、在浪花里、在摇摇晃晃的缆车里凌空勘测。

第二年的夏天,我真正成为一个水文人,作为北张店水文站测验的主力,参加了洪水施测。汛期的一个午后,北张店站热气逼人,乌云密布,紧接着暴雨倾盆而下,从房檐上流下来的雨水在门前汇集成一条条小溪,全站同志立即行动起来,量雨、发报、迅速准备测验。北张店站集水面积270平方千米,1小时40毫米降水意味着北张店的河水很快就会涨了,就在我们准备的同时,肆虐的洪水夹杂着折断的树枝和石块从上游奔泻而来,轰轰隆隆的洪水声,同时也震撼了我的心。洪水中的杂草缠绕在基本断面上水尺上,尺面上的刻度几乎无法辨认,在我正要下河把缠绕在水尺桩上的杂草弄走时,站长怕我不得要领,他站在河边用长镰刀款款把杂草绕过水尺取走,使水尺清楚地显示了出来,这事情虽不大,但也很有个技巧。然后,按照站长的指示,进行浮标测流。我托着沉重的浮标深一脚浅一脚地走向浮标投掷器,而投掷器在站房前菜地的前面,平时感觉不到地的松软,那天只要脚一踩上去,立马人就陷了进去，40厘米的高腰雨鞋里外全是泥水，满脸的汗水和雨水，伴随着投掷器的摇动左右飘洒，也就在这时，我把学到的理论知识用到了实践上。投掷器的直径约50厘米，我只要转上一圈那就是1.5米左右，按站长的要求，我一下就投到准确位置。看来，水文人的工作不仅有雨水雷鸣相伴，还得有汗水和智慧青睐，做个优秀的水文人还真不容易！

夏日的油房，比石梁和北张店热了许多。一次，我们正用吊箱进行测流时，突然"砰"的一声，河道上前进后退的吊箱循环索断了，吊箱搁浅在了河中央，而还有一名职工在吊箱中，怎么办？河水在涨，大家都有些迷茫。怎么办！领导在征询我们的意见，我也在思索怎么办？初出校门的我，不愿意放弃这个施展才干的机会，经我对其工作原理进行认真的思索后，迅速拿出一个从循环索断开处着手，把新绳索接上，然后再将旧的循环索拉过来的方案。如何才能让站上的老同志赞同我的方案？我毛遂自荐，在站长的办公室给他们演示了起来。也许是我的方案得到了他们的认同，也许是他们也没有更好的解决办法，站长做出了一个特别的决定，让大家按我的指挥行动。当时，真的很激动，很感谢站长给了我一个展示自己的机会。按照我的方案，循环索顺利得到了更换，河上危机得到了解除。想不到这么普通的水文站，这么简单的水文测验工作，存在着危机，也存在着机遇。也就是通过这件事情，我得到了老站长和上级领导的赏识，不久，我顺利地成了油房水文站的负责人。

2007年7月28日，长治市下着毛毛雨，而我们下属的牛村报汛站观测员，却急切地给我们报告本地突降暴雨，1小时雨量达20毫米，累计雨量70.2毫米，范围较大，洪水随时可能到来。雨情就是命令，我们迅速组织技术人员，结合前期降水情况分析雨情，通过计算机程序分析计算，得出丹河涨洪水450立方米/秒的预报，迅速为晋城市有关领导提供了丹河洪峰时间和流量。时任晋城市防汛常务副总指挥、水利局张贵保局长得到情报后，立即把电话回在我的手机上，询问汛情，并将晋城市委书记、市长的手机号码提供给我，要我将这一重要汛情传递给市里主要领导。显而易见，水文工作、特别是水雨情信息，在经济社会建设和防汛抗灾中的作用和地位，越来越得到了驻地党政领导的肯定和认可。

近些年来，长治分局在水情现代化方面有了长足发展，我们结合水情业务实际研制的接报、自动转发报、"快报"编制程序，预报模型在水情报汛实践中起到了事半功倍的效果。这个实践也告诉我，社会对水文的要求更高，水文自动化对知识和科技也提出了更高的要求，只有努力地工作，紧跟时代的步伐，事业才能快速发展，我们才不会落伍。

夏天，是我们水文人表现的舞台，在这一个个平常的季节里，我们水文人在不同的岗位谱写着不一样的故事,故事的主人公有我也有你,有汗水、有泪水、有辛苦、也有快乐,但发展是我们的主旋律。朋友,您准备好了吗,让我们一起来书写属于我们的夏天的故事吧!

水文·父亲与我

侯 丽 丽

岁月的年轮在春夏秋冬更新中交替,年华在年龄的攀升中悄然而增,蓦然回首,自己已过不惑之年,工作、生活、感情沉积了许多,时常不由得为此感叹。

我的父亲是1957年参加工作的老水文,1986年他退休后,我顶替父亲参加了水文工作,父亲的水文成了我的水文。父亲带着笑、含着泪把他的水文交到我的手里,说:"选择了水文,便是选择了以河库为邻,与清贫相伴。"他还说:"水文工作要定点观测,认真测量,挣得就是良心钱、辛苦钱,你不能因为没有人监督便认为可早可晚,没人监督就可以胡测乱报,水有规律,通人性。"

在父亲的期望中,我接过了父亲的算盘,成了一个真正水文人。我上班的第一站是漳泽水库水文站,站里的事并不多,每日的工作就是往返在大坝库区之间,枯燥乏味。一次回家后,父亲问我:"丫头,工作怎么样?"我说:"不怎么样,水文是你的水文,不是我的水文,我不喜欢。"父亲一脸黯然,拉过椅子来,坐在我面前教导我:"不管喜欢不喜欢,那都是自己必须面对的,都没有理由草草应付,都必须尽心尽力,那是对工作的负责,也是对你自己的负责。"

1988年5月,因工作需要我到了石梁水文站,那是长治分局最大的一个测站。测站位于小镇东北角一低洼处,依桥傍水,房屋古朴,小院干净整洁。

那年的汛期,是我人生最刻骨铭心、最彷徨痛苦的一个汛期。测站汛期的工作,当时对我来说是个高难度的挑战,野外测量是我面前一道很高的门槛,每在临门一脚时,因为惧怕,我以女士的身份选择了退缩,并且退缩得心安理得。因为年轻不懂得谦卑,我的退缩终于惹恼了两位同事,在一次洪水退落时,被他们逼上了吊箱。高水测量只需施测水深和定点采样,由于河水较深,水流又急,测深杆在手里老打漂,施测一个水深往往需要两次以上。采沙样难度就更大了,仅采样器就有10多斤,加上河水的冲刷力,定位很难,好几次我都要差点掉到河里,脸上流的是汗水还是泪水我自己都分不清,一次测流下来整整比别人慢了20多分钟。登上吊箱往河里去时,因同测深杆"较劲",没有觉得有多怕,可回程时看着吊箱下奔流咆哮的河水,不可抑制地大口呕吐起来,我将指甲深深地刺到了肉里,才控制着自己没有晕过去。比起高水测量这道门槛,更恐惧的是夜里测流了。汛情就是命令,听到河道监控器的鸣叫,立马就得赶往河边。高水时是需要观测水位比降,咆哮的河水,过膝的野草,在黑夜更显得阴森可怕,让我举步艰难,步步惊心。几次的高水和夜间测流终于超出了我的承受范围,我当了水文的逃兵,跑回了家,告诉父亲这班我不上了。

父亲阴着个脸去厨房给我炒了盘鸡蛋,默默地看着我吃了说:"汛期大忙回去吧!这要是放在过去,你逃跑回来够得上开除了。"

我说:"开除就开除,什么个破工作,你们水文站的男人就不是男人,就知道欺负个女人,明明能担得动水,却非要我同他们抬着跑,上吊箱用得着我个小女子吗?"

父亲扇了我一巴掌说:"单位工资给你少发了吗?你抬了水上了吊箱,要了你的命了吗?回去!"

第二天,无奈的我乖乖地又回到了站上。那时我恨透了水文,觉得我是天下最可怜的人。在返回站上的第6天,收到了父亲的来信,他信上只说了三句话:一、别给我丢脸;二、所有的经历都是一笔财富;三、别人让你哭,你还可以选择笑。

我的分工是观测早上8点的水位和墒情土样采样。在冬季,测站寒冷刺骨,河里早就结了冰,我穿着大号皮裤去河里破冰,经常是冰没有破了人却掉到河里了,河水灌到皮裤里冰得骨头疼,手扶在槽钢水尺上立马就粘到了上面,再离手时钻心地疼,好像皮都要掉了的疼。在冬季墒情采样时,因为土冻了,取土钻钻不下去,我就用大石头敲打取土钻……

一分付出,一分收获。当初我视为"最受罪"和父亲教诲的"经历都是一笔财富"的活儿,我坚持下来了。正是经过那三年的磨砺,才造就了今天我坚韧、刚强、开朗的性格,才使我在工作上有所作为,才不至于被生活的无情所击垮。感谢岁月赋予我的疼痛,是它教会了我如何成长;感谢岁月让我看清了未来的方向,是它让我找准了人生的定位;更要感谢我敬爱的父亲,使我没同水文失之交臂。

父亲在12年前走了。他的走带着对子女期望,带着对水文的留恋。父亲的一生如所有的水文人一样,平凡得如同河里的一粒沙子。他最大的遗憾就是没同他一起工作过的同事们再相聚首。父亲下葬的前一天,大雪下了一夜,几乎压倒了灵棚,我知道那雪是来送父亲最后一程的,因为父亲说过:水通人性。第二天,漫天飞雪没有停的意思,阻隔了好多来为父亲送行的人,但省局老干部科和分局同志还是徒步踏雪,在他下葬的前一刻赶到了。

在那漫天飞雪中,我分明看到了父亲含着笑对我说:"丫头,你看水文人没有把我遗忘,他们来送我了!"

父亲,你如果活着多好! 现在水文比你当年的水文发展得更快更好了,你工作过的测站旧貌换了新颜,你惦念的女儿有了现代化的工作环境,真正地实现了流量测验自动化,水位观测自记化,雨量观测固态化,水雨情报网络化了。

父亲,愿你在天国好好安息,你的女儿一定会继承好你的意愿,热爱水文事业,加倍努力工作,为新时期水文工作做出新的贡献。

我们站前的浊漳河

张 延 明

石梁水文站位于晋东南的潞城市。浊漳河自北向南潺潺流过,明净的水面,清澈的流水,给我们的生活增加了无穷的乐趣。

我喜欢你,浊漳河!喜欢你温柔的性格,更喜欢你奔腾不息勇往直前的精神,对浊漳河多年的测验,使我们建立了深厚的感情。

春天,当冰雪融化时,这时候你最清静、最纯洁,被你闷了一冬的小鱼高兴地跳出水面,有的吐着小泡泡,有的高兴地追逐嬉闹。岸边垂柳的枝条倒映在明净的水中,现出婀娜多姿的身影。清晨,我最喜欢来到你的身边观测,看清澈见底的河水激起朵朵浪花,河底的石块、沙粒,水中的鱼虾清晰可见,使我陶醉,使我感受到大自然丰厚的馈赠。

可你也有愤怒的时候,一场大雨过后,上游流下的河水一起注入你的怀抱,这使你变出了另一副面孔,水面变宽了,河水涨高了,流速加快了,水也浑浊了,展现出一种凶猛壮阔的气势。

春末夏初,是你脾气最温柔的时期,也是人们喜欢留恋的乐园,那两岸泛青的小草,毛茸茸,绿茵茵,河水自由自在流向下游,远远望去,仿佛在绿色的衣裙上悬挂着铮亮铮亮的玉带,那干净整齐的站房点缀在这绿色的海洋中,更显得独具一格。啊,我们水文站是多么可爱啊!

天气暖和时,调皮的顽童一个个光着屁股,扑通扑通跳进你的怀抱,你不发怒,总是张开双臂把他们搂在怀里,你洗去了他们的愚昧和幼稚,滋润着他们的心灵和智慧,给他们留下了美好的回忆。

浊漳河,可爱的浊漳河,你默默无闻地存在着,不停地奔流着,从不夸耀自己的功绩,因为有你,人们生活得更快乐。

浊漳河,你温柔得像牡丹仙子,像慈祥的老妈妈;浊漳河,你热情奔放,就是在你愤怒的时候,也给人勇猛顽强的力量;浊漳河,你永不停息,让人们知道你时间珍贵,生活的意义;浊漳河,你热情欢乐,你发出的声音驱散了人们往日的忧愁,启迪着人们对生活的思考和对未来的憧憬、追求……我爱你!我们站前的浊漳河!

(本文原载1990年第10期《山西水利》)

我的那次郑州之行

樊 克 胜

1989年春,我受省水文总站指派,前往河南郑州黄委会参加流域水文资料汇编,在汇编即将结束时,北京爆发了"学潮",事件波及全国,郑州的局势也很乱。回忆起那次郑州之行,今天仍心有余悸,有点后怕。

那时,我独在他乡,不敢出门,不敢上街,一直蜗居在黄委会郑州总站招待所,生怕不明不白卷入里面。在当时,恐怕谁都对那种局势的发展估计不透,心里只怕时间长了回不了家,把这把老骨头也放在这儿。由于思家心切,自己还是壮起胆子赌了一把,在乘夜静人稀之际,我带上沉重的资料箱,跑到了郑州火车站,想买下车票,然后再把资料托运了。结果因"学潮",部分列车停运,票没有买到,资料和行李也托运不了。接着我又跑到汽车站,经排队、等候,运气还不错,汽车票买到了,资料箱也办理托运手续,我高高兴兴地返回了郑州总站,待第二天一早乘车返回长治。

第二天天刚亮,我便起床打点行装,把剩余的几十元差旅费,分别夹在几本书里,以防有什么不测。在当年特殊形势下,心想自己能乘上车顺利返回,就是我最大的愿望。可偏偏事与愿违,归途并不顺利,因司机不太熟悉路况,再加上车顶装载的货物较多,且又超高,在车行至焦作过一隧道时,将车顶的货物拌了下来,顿时路上抛洒了一片。我着急坏了,资料是水文人的命根啊!急忙下车查看我所带的资料箱,谢天谢地,资料箱仍在车顶,资料安然无恙,我的心才放心下来。此时的司机也惊慌失措,停下车后,向我们稍作了安顿,便与乘务员返回焦作寻找电话,将刚才发生的情况向公司作了汇报,承诺明天返回时处理此事。

在旅客的一片惊讶、议论、责怪声中,班车开始缓缓在太行山上前行,经过两个多小时颠簸后,于天黑前到达高平。车刚停稳,一受损货主就将车钥匙给拨去,虎视眈眈地与司机开始了无休止的吵嚷,讨价还价。此时的我,心情极不平静:跑长途的司机在当年那样的路况下,辗转一天,确实辛苦,再加上路上发生的事情,货主与他争来嚷去,心情肯定也不好,甭说眼下货主拿走他车上的钥匙、车不能走了,就是车可以走了,我也不敢坐了。那时我还真想为司机抱打不平,理论一番,可又想一个人出门在外,多一事不如少一事,还是忍了忍罢了。

我所乘的班车一时半会儿不能继续前行了,无可奈何,我只好下了车,不顾一路劳顿,扛上资料箱,徒步向高平火车站走去,改乘夜间的火车。

一天一夜的日夜兼程后,在次日的天亮时分,我带着满身的疲惫和一箱沉重的资料终于回到了长治,到了家的那一刻,我高兴极了,不管一路多么颠簸,多么劳累,多么不安,自己总算平平安安回到了家,我所带的资料也毫无损缺地交给了单位,圆满完成了1988年度黄河流域资料汇编任务。

每当回忆起参加水文工作以来的点点滴滴,回忆起多次参加流域汇编对工作认真负责、一丝不苟的敬业精神,总会为自己尽到了一名水文工作者的职责而感到自豪和欣慰。

三字经

程 歧 山

党政策	记在心	四原则	是根本
遵法纪	讲文明	站上事	多关心
对业务	须认真	有分工	明责任
正点测	仔细算	有疑虑	重来干
汛期间	守好岗	遇大水	齐迎战
水雨情	很重要	随时测	按时报
稍暇闲	善交谈	融感情	求尊重
将测站	作为家	讲卫生	美环境
全站人	团结紧	为国家	守河畔

作者附记：

程歧山(1936—2009)，平顺县人，1956年5月参加水文工作，先后在榆社石栈道、潞城石梁水文站和长治水文分站工作，曾多次代表我省参加海河或黄河流域水文资料汇编，参与了漳卫南运河水文预报编制、晋东南地区清泉水调查、水量计算等多项重要工作。1986年12月退休后，应聘在沁水张峰、陵川沙场水文站和漳泽水库高河进库站工作。2009年5月意外去世。

秉承父亲精神 奉献水文事业

程 丽 平

2009年5月18日,我的父亲永远离开了我。父亲走得很突然、很意外,但也很平静、很安详。

父亲是个老水文,熟悉父亲的人都知道他为人忠厚、做事认真、脾气倔强,省局和分局的许多老同志都对他有所了解。父亲的业务能力强,做事又很踏实,所以每年他都会参加省里的资料验收和汇编,就这样,父亲结识的人比较多。

从1956年参加水文工作,至1986年退休,我的父亲在水文一线工作了30年,先后在石梁、石栈道等水文测站工作,不管在哪里,他干工作都是一样的踏实、认真。他对自己工作的每一个细节要求都很严格,除了完成日常工作以外,每天还要练习写数字,1、2、3……现在翻开他那时记录的资料,虽然有些记载表纸质已经发黄变旧,但可以看到每页纸上记录的数字都工工整整,就像是刻上去的数字一样。

由于工作需要,父亲时常会到太原出差,记得父亲每次出差都是一个形象,穿着一身干净的中山装,肩上背着一个挎包和一架算盘,手里提着一个装满资料的绿色大帆布包。最开心的是,父亲每次出差回来,总要给我们兄妹几个买回来好多糖果和饼干。现在回想起来,那时站在村口等待父亲回家的身影,便是我儿时最开心、最幸福的时刻。父亲是个爽快人,每次测流他都主动承担更多的工作,要么抢着上吊箱,要么就挽起裤腿下河,他凭着自己当时年轻体壮,从不因自己做了更多的工作而斤斤计较。在石梁水文站工作时,有一次测流,当父亲准备上吊箱时,钢丝绳突然断开,一下子把他整个人打倒在地上,当时嘴里鲜血直流,在场的同志赶紧送他到石梁公社医院治疗,结果父亲的6颗大牙被打掉,医生给他缝了伤口、上了药、包扎好,他没怎么休息就回到站上继续上班。由于过度劳累,父亲的腰部也受了伤,20多年后,当他感到右腿有些疼痛去医院检查时,医生说他这是由于腰部的老伤造成的,加之他经常涉水下河测流,也对腿不好。父亲说那次他只顾着看牙了,虽然也觉得身上有些疼,但没把它当回事,不曾想这次事故给他身体造成的隐患能埋藏这么久,虽然看了好多医生,但都无济于事,直到后来走起路来一瘸一拐的……当我高中毕业时,父亲将他深爱的水文工作传与了我,也是出于私心吧!

父亲在他50岁的时候就退了休,但是退休后他依然没有离开水文,带着母亲还先后去沁水张峰、陵川沙场和漳泽水库高河进库站继续工作,这一来可以挣些钱贴补家用,更重要的是他舍不得离开他心爱的水文事业。父亲每到一个地方都会把那里打扫得干干净净,观测的仪器、记录的资料,有条不紊地摆放着,在院子里还要种上些蔬菜和花草,经过父亲的精心打理,那些原先杂草丛生、破烂不堪的小院子一下子变得生机勃勃。父亲是个热心肠,凡是待过的地方他都能交上几个好朋友,当地人也对他那种吃苦耐劳的劲儿很是佩服。

我参加工作后,秉承父亲踏实认真的精神,服从领导安排到基层测站锻炼,遵循父亲的话认真学习水文知识,提高业务能力。虽然之前并没有想过和父亲一样做水文工作,但是既然从事了这项工作,我就要把它做好,实现自己的价值,也不让父亲失望。1992年,我参加了省局(当时为水文总站)举办的第一次水文测工技术比赛,由于长期在水库站工作,所以对浮标测流很陌生,父亲就耐心为我讲解,还实地做示范,每次当我问到他有关水文的业务知识时,他都非常兴奋,滔滔不绝,讲个没完。父亲常说,说老实话,做老实事,水文工作依靠的就是良心,水文数据如果不真实,那就愧对你的良心,往小说是愧对自己得到的那份工资,往大说就是失职,对不起国家的水文事业。父亲的这番话经常回响在我的耳旁。

现在我已经是漳泽水文站的负责人,我想对父亲说,爸爸,您放心吧,女儿没有辜负你的期望,我早已经和您一样爱上了它。现在的水文赶上了好时代,水文事业正在跨越式发展,各种现代化的仪器逐渐取代了人工操作,资料整编更是方便快捷,由电脑完成,水文工作正在被更多的人了解、关注,水文人也变得扬眉吐气,我为您让我成为一位水文人而感到骄傲、自豪!

哦，楼下的那几株山楂树

晋 义 钢

一场秋雨过后，夏日的暑热与烦躁少去了许多，天更蓝了，地更净了，空气更清新了，在要将窗扇统统推开让室内的空气流通个够时，却被楼前的那几株山楂树所陶醉了。

我住在这栋楼的二层，一棵硕大的山楂树，正好在我的阳台前，推开窗扇伸手可及。受过秋雨洗礼后的山楂树，秀色可餐的绿叶与鲜红晶莹的山楂果相映成趣，令人垂涎欲滴，挂满树身的水珠，在夕阳余晖下越加光怪陆离，色彩斑斓，一阵秋风拂来，随风摇曳的山楂果，笑容可掬地向注视它的人们发出会心的微笑，别有一番情趣。

楼前的那几株山楂树，是分站原老领导郭联华同志20多年前从沁水的大山里购买来的。当年，山楂"炒"得很热，酸溜溜的山楂果，仿佛一夜之间成了果中之王。据资料考证，山楂能舒张血管、加强和调节心肌，增大心室和心运动振幅及冠状动脉血流量，降低血清胆固醇和降低血压之功效，因此，使好多人为之趋之若鹜。当初，分站的同志一起动手，在旧办公楼前的南侧空地上种植起了一片山楂林。几度春秋，花开花落，树苗一天天长大，果实一年年结多，从此生活在院子里的人们，就享有了春日的花香，夏日的绿荫，秋日的果实和冬日的淡雅。

几年前，因修建职工住宅楼，昔日的山楂林要被占去，楼下的那几株山楂树是在几位老同志的"干预"下，经过二次移植才得以幸存下来，它在我们这些主人的心里弥足珍贵。春天来了，我期盼楼前的山楂树一天天泛绿、开花、挂果，这样我足不出户，就可以享受到满目葱茏，蝶飞蝉鸣。到了"露水白时山里红"的秋天，我希望着山楂快快长大、变红、成熟，此时，我静坐在家便可闻秋意正浓，山楂芬芳。而每在这个时候，楼里的住户却抵不住红扑扑山楂的诱惑，来到楼前伸手摘上几个，塞进嘴里，一边嚼着，一边自言自语地说着："酸……酸……"这时候，院里的孩子也会看着周围无人，偷偷地爬上树用劲摇几下，再跳下来拣上些放进衣兜，逃之夭夭。特别是到了深秋时节，每一颗山楂都呈现出它的美感，也更撩拨着大家的心。这时，三三两两的人们，便会急不可耐跑下楼来，有的拿着木杆在树上敲打，有的往兜袋里拣拾,在一派调侃、嬉闹中收获着自己的果实。

哦,为我们带来绿色、送来春意、留下欢乐,装点了我们生活的山楂树,愿你年年荫翳葱茏,硕果累累,惠泽后人。

(本文原载 2002 年 9 月 30 日《上党晚报》)

第五章　大事记

大 事 记

1952年

6月3日　水利部工程总局在潞城县石梁、襄垣县西邯郸和大黄庄设立3处汛期水文站,在潞城县辛安村和左权县下交漳村设立2处水位站,在武乡县蟠龙和壶关县桥上等村设立20余处雨量站。

9月27日　石梁、西邯郸和大黄庄3处汛期水文站与辛安、下交漳2处水位站以及20余处雨量站,移交山西省人民政府水利局,同时改为基本水文站。胡美珍、李光亮、李秀元、王云新和张恩荣,分别为石梁、西邯郸、大黄庄水文站和辛安、下交漳水位站负责人。

1953年

6月9日　大黄庄站因故迁至仓上,并改名为仓上水文站,观测项目有水位、地下水位、流量等。

12月　石梁水文站手动式测流缆车在全省率先建成。

1954年

6月1日　华北煤田地质勘测局在长治市北郊设立黄碾水文站,观测项目有水位、地下水位、流量、比降等。

6月　省水利局决定成立石梁中心水文站,郝富仁任站长,张恩荣任副站长。

1955年

4月1日　撤销黄碾水文站。

11月26日　水利部确定石梁水文站为一等水文站,并由部水文局和省水利局双重领导。

1956年

6月　徐根鑫任石梁中心水文站站长,秦国良为副站长。

1957年

6月1日　省农业建设厅水利局在襄垣县桥坡、屯留县西莲、长子县东王内、榆社石栈道4处设立水文站,站长分别为胡美珍、罗懋绪、郝苗生和陆海空。

6月　侯二有、张龙水、王祥、陈照发、赵合兴、陈日初、张修立、李斌、田希雨、杨世俊、申龙庆、温志毅、张维礼、牛广成、杨云喜、杨松斗、杨秋景17人,自省水利干部训练班结业后从事水文工作。

1958年

6月1日　省农业建设厅水利局恢复黄碾水文站,设立沁源县孔家坡流量站和平顺县下五井、陵川县甘河汛期流量站。

8月1日　撤销屯留县西莲站,迁至绛河上游30千米处北张店村,设为流量站。

9月　石梁中心水文站下放长治专员公署水利局管辖。公署水利局内设水文科,科长为郝富仁,副科长为秦国良。与此同时,各水文站下放各县管辖,业务仍由省农业建设厅水利局领导。

1959年

4月14日　柴集善、王祥等4人前往晋城丹河中游勘查李庄水文站站址,为即将动工兴建的任庄水库收集、提供水文观测资料。

5月21日　晋东南行署水利水保局设立李庄专用水文站,并于当年9月25日撤销。

1960年

3月21日　晋东南专署水利水保局在襄垣县设立固村水文站。

6月1日 晋东南专署水利水保局在浊漳河设立上秦水文站。

1961年

4月24日 撤销上秦水文站。

6月30日 撤销东王内水文站。

9月30日 撤销西莲水文站。

12月31日 撤销二神口水文站。

1962年

5月12日 根据山西省水利厅〔62〕省水文世字第18号《关于精简水文站和撤销专(市)水文科有关通知》,撤销专区水利水保局水文科,晋东南专区中心水文站迁至漳泽水库,站长为郝富仁,副站长为张恩荣。人员编制为23人。

同时确定,黄碾水文站迁到漳泽水库;北张店水文站迁到屯绛水库;桥坡水文站迁到后湾水库。自6月1日正式在新址观测。

11月13日 省水文总站任命胡美珍为石梁水文站站长,郝苗生为后湾水文站站长,罗懋绪为西邯郸水文站站长,邸田珠为孔家坡水文站站长,何太清为屯绛水文站站长,漳泽水文站暂由中心站负责。

11月 自省水利干部训练班结业后从事水文工作的侯二有、张龙水、王祥、陈照发、赵合兴、陈日初、张修立、李斌、田希雨、杨世俊、申龙庆、温志毅12人定级转正。

1963年

3月 孔家坡水文站站长邸田珠,参加了省农业生产先进单位代表会议。

4月 分站副站长张恩荣同志在北京水利电力部水电干校参加了水文业务培训。

1964年

1月4日 山西省水利厅以〔62〕省水文刘字第3号文件确定全省水文机构、人员编制,其中:晋东南区水文中心站编制人员4人,实有人员2人,驻石梁水文站;石梁水文站编制人员5人,实有人员5人;西邯郸水文站编制人员4人,实有人员4人;后湾水文站编制人员3人,实有人员3人;漳泽水文站编制人员4人,实有人员4人;屯绛水文站编制人员3人,实有人员2人;孔家坡水文站编制人员3人,实有人员3人。

3月16日 在1964年全省水文工作会议上,后湾水文站被评为全省五好测站,张恩荣被评为五好职工。

3月24日 根据水利电力部山西省水文总站〔64〕省水文行字36号文件通知:水利电力部山西省水文总站晋东南区水文分站变更为山西省水文总站晋东南分站。

5月 分站机关自漳泽水库迁至潞城石梁。郝富仁任站长,张恩荣任副站长。

9月19日 经共青团山西省水文总站总支委员会批准,分站郝富仁、王增国、陈日初、杨世俊、张修立5名团员到龄退团。

10月 全区干部职工(测站除1人留守坚持日常观测外)赴太原参加全省水文系统思想革命化学习。其间,部队转业干部张德盛调任分站指导员。

1965年

3月27日 油房水文站由黄河水利委员会移交山西省水文总站领导,同时移交的人员有范建新、全万选、李进宗和周凯文4人。站长为范建新。

4月12日 分站团支部由张恩荣、赵合兴、冯林芳3人组成。

5月23日 分站全体团员进行了为期一周的集训。

6月1日 省水文总站批准设立牛村水文站。站址位于高平县河西镇,站长为王增国。

9月 分站站长郝富仁荣调省水文总站工作。

10月19日 分站设立政工室。

11月23日 经水利厅党组第三次委员扩大会议研究,批准赵合兴为中共预备党员。

1966年

1月15日 孔家坡水文站站长邸田珠调任忻州地区济胜桥水文站站长。

2月3日 根据省水文总站通知,为1964年学徒工郝斌、焦家全、武子明、冯林芳4同志转正,定为测工1级。

2月25日　省水文总站〔1966〕晋水文行字第49号文下达分站人员编制:全区总人员33人,其中分站7人、石梁4人、牛村2人、西邯郸4人、后湾3人、漳泽4人、北张店3人、孔家坡3人、油房3人。

4月8日　省水文总站通知:赵合兴任后湾站站长;陈日初由北张店站调任牛村站负责人;王增国由牛村站调任孔家坡站站长;王祥由后湾调分站;张修立由漳泽站调忻州米家寨站工作。

10月　霍葆贞同志调晋东南区分站工作。

1967年

9月30日　撤销西邯郸和牛村水文站。

1969年

9月　分站进驻"工宣队"开展"三结合"。

12月18日　分站在地区宾馆举行晋东南区水文分站革命委员会成立和庆祝大会。大会由地区军代表李世荣主持,省水文总站革委会副主任米龙田到会祝贺。大会产生的分站革命委员会由3人组成,罗懋绪任革委会主任,张德胜、张恩荣任革委成员。

1970年

1月28日　分站举办为期25天的整党建党"吐故纳新"学习班,赵合兴、张恩荣、罗懋绪、武子明等14人参加学习。

3月　分站开展了为期35天的整党。参加人员除党团员、革委会成员外,还吸收了部分群众参与。

4月20日　分站公布《开展四好单位、五好职工活动的条例》(试行稿),提出开展"四好单位"、"五好职工"活动的条件与措施。

5月26日　汛期准备工作现场会在油房水文站召开。会议由分站革委会主任罗懋绪主持,油房站站长范建新介绍了该站汛期准备工作,胡美珍代表测站站长发了言。

6月 分站《太行水文》创刊。该刊为8开对折油印刊物。

9月19日 分站首届活学活用毛泽东思想讲用会在孔家坡水文站召开。讲用会由革委会成员张德盛主持,有8名"活学活用毛泽东思想积极分子"和2位"四好测站"代表参加了讲用会。

10月12日 分站领导张德盛、张恩荣,参加了省水文总站举小的"水文方向"研讨会。

1971年

4月2日 经中共晋东南地区直属机关委员会批复,分站罗懋绪同志任党支部书记。同期,根据地直党委决定,分站恢复团支部,团支部书记为武子明。

8月21日 漳泽水库上游3天连续降水量达165毫米,库水位很快超过警戒水位,水库出现严重险情,分站革委会主任罗懋绪带领分站技术力量赶往漳泽站,指导和协助工作,为省委、地委提出的"保坝任务"做出了重要贡献。

12月5日 分站完成了《平顺县西沟大队以上流域暴雨洪水调查报告》。

12月 分站政治指导员、革委会成员张德盛同志因病医治无效,在长治和平医院病逝,享年48岁。

1972年

5月20日 分站胡美珍,程歧山同志前往运城参加了省水文总站召开的水文手册编制会议。

5月 柴集善同志荣调省水文总站工作。

1973年

3月20日 《晋东南地区水文计算手册》(以下简称《手册》)定稿。该《手册》包括基本情况、年雨量、水面蒸发、年径流、暴雨、洪水、推理公式法、泥沙和人类活动9个方面的内容,附录有历史旱涝灾害、洪水调查和清泉水调查等。

8月27日 北张店水文站原负责人田希雨同志,夜间值班时因触电殉职,时年38岁。

《中国水文志》将其编入《水文人物》名录。

8月29日　分站为因公殉职的田希雨同志举行追悼会。省水利厅、省水文总站、北张店公社及村驻机关等送了花圈。

8月30日　经武子明同志本人申请、省水文总站同意并经文化考试,武子明被华东水利学院录取。

1974年

7月2日　结总站批复,辛安泉测验断面停止观测。

8月23日　省水文总站以〔74〕晋水文革字38号下达基本建设投资计划:分站新建办公室兼宿舍及大门等共500平方米,投资4万元,其中当年投资2.2万元。

10月25日　张富裕、张龙水、陈照发、李斌、陈新太和焦家全参加过河设备鉴定、技术档案编制和地区水利局组织的流域规划。

11月21日　分站与地建签订办公楼"施工协议书",开工日期定于1974年11月底,竣工日期定于1975年5月。

12月27日　长治市革委会(征用土地专用)以市革征发〔1974〕92号文批复征用土地3亩。

1975年

6月1日　分站罗懋绪、王增国、苏学江3人,参加了地区水利局在漳泽水库召开的"学理论、抓路线、抵制资产风"汇报交流会。

6月25日　分站张恩荣、胡美珍同志参加了地区防汛指挥部在黎城县召开的全区防汛工作会议。会上,张恩荣传达了《全国水文工作和水源保护会议简报》,胡美珍讲解了《简易水文观测方法》。

7月　程歧山同志赴西沟进行汛期水文测报工作;赵合兴同志抽调到地区防办搞防汛工作;张天保同志参加地区《军事气候志》编写工作;胡美珍同志到武乡参加地区浊漳河北源规划扫尾工作。

8月4日　壶关桥上发生特大暴雨,从8月4日至5日,最大日雨量387.8毫米,其中4个小时降水量223.0毫米。

9月13日　程歧山同志赴平顺寺头河开展洪水调查。经实地调查,洪峰流量为1350秒立方米,比1927年的洪峰流量795立方米/秒大了近一倍,搜集到了一次面积小、洪峰大的宝贵水文资料。

10月3日　省水校应届毕业生张志贤、杨耀芳、崔和润、晋义钢分配到分站工作。其中张志贤、杨耀芳到孔家坡站,崔和润到油房站,晋义钢到漳泽站。

10月6日　侯二有同志赴四川成都工学院参加为期3个月的短期水文预报学习。

10月8日　分站胡美珍等3人,参加了地区水利局组织的壶关桥上暴雨洪水调查。

10月20日　根据省农田水利指挥部安排,张志贤、杨耀芳、崔和润、晋义钢4人前往阳城县参加农田水利基本建设普查。

1976年

4月9日　分站召开雨量站观测员会议,参加会议的雨量站观测员模范代表就进一步做好雨量观测工作提出倡议书。

5月11日　省防汛抗旱指挥部〔76〕晋革汛字第9号文通知:1976年汛期除在晋东南漳泽水库设立无线电报讯电台外,尚批准在后湾水库、石梁站以及关河、任庄水库设立报讯电台。报讯电台由省防汛抗旱指挥部统一租用、结算,通报日期从6月15日开始,至9月15日结束。

5月13日　长治市革委会(征用土地专用)以市革征发〔1976〕47号文批复:分站在已经批准征用3亩土地基础上,同意征用5亩。

8月21日　20日下午至21日,石梁水文站上游降大到暴雨,其中蟠龙一带1.8小时降雨72毫米。夜21时30分,石梁河段水位明显上涨,21日凌晨2时30分,水位涨至904.40米。站里的三位同志在两名报务员和省水校两名女实习生的协助下,团结一致,战胜因风雨失去照明、动力等困难,顺利完成了石梁水文站建站以来3760立方米/秒最大一次洪水测报。

11月5日　分站程歧山、晋义钢、安建民、张天保4同志,前往山东德州水电部十三工程局,参加漳卫南运河水系为期2个月的水文预报方案编制。

1977年

5月1日　分站制定《水文站管理工作八条》。

5月　分站何太清同志以晋东南地委农村社教工作队员身份,在高平县王报村进行为期8个月的社教工作。

6月29日　受地区水利局委托,分站罗懋绪、霍葆贞和汤贞木承办了水库灌区水文训练班。

7月5日　根据省水文总站通知,分站胡美珍、晋义钢两位同志,前往湖北襄樊参加为期两个月的"电子计算机在水文资料整编中的应用"培训。

7月8日　省水文总站武子明同志在分站了解省水文工作会议落实情况,并到石梁、漳泽和后湾站指导工作。

7月　霍葆贞同志出席了全省农业科学大会。

1978年

6月15日　省水文总站以〔78〕晋水文字第54号《下达1978年水文科技研究重点项目的通知》,为分站下达"小改小革"墒情电测仪研究项目。

8月11日　在1977年全省水文资料整编中,孔家破、漳泽站为全省"无错站"。

9月2日　省水文总站发《关于晋东南区水文分站搬迁长治市后所留站房管理与使用问题的通知》(〔78〕晋水文字第76号):鉴于长治市新建站房业已竣工,为便于工作,希抓紧时间搬迁。本月,分站机关由潞城石梁迁往长治市长太路5号新址。

同月,分站取消"革委会",恢复山西省水文总站晋东南区水文分站。站长为罗懋绪,副站长为张恩荣。

11月30日　经共青团晋东南水利局委员会批复,孙晓秀为团支部书记,晋义钢、杨耀芳为团支部委员。

1979年

1月1日　省水文总站发函:郭联华同志任分站主要负责人。

6月7日　省水利局以〔79〕晋水计字456号文为北张店水文站下达基本建设投资1.0万元,建站房147平方米;为分站化验室下达基本建设投资2.0万元,建水质化验室570平方米。

6月8日　在晋东南地区水利学会及学术讨论会上,分站胡美珍的《电子计算机在水文资料整编中的应用》和汤贞木的《晋东南地区地表水资源的初步分析》两篇论文在会上进行了交流。

8月　经省水文总站批准,在陵川县香磨河设立沙场汛期水文站,同时设小番底、黄松背、石家坡和沙场4个配套雨量站,1980年正式开始测验。

9月4日　省水文总站以〔1979〕晋水文第字第85号文通知:为配合黄河流域开展电算整编水文资料的统一部署,沁河流域资料电算整编工作由分站负责完成。

9月10日　省水利局〔1979〕晋水便函字0841号函复:水质化验室投资5万元。

10月1日　分站在长治盆地布设42眼地下水动态观测井并开展地下水项目观测。首批42眼地下水观测井均为农用浅井和农村饮水井,观测项目主要是水位,有1/3井观测有水温,少量井观测开采量。

10月3日　长治市革委会(征用土地专用)以市革征发〔1979〕72号文批复:分站建设水源监测中心站化验室,征用新华菜场土地8.2亩。

10月26日　分站与长治市城区常青公社新华菜场签订"土地征用协议书"。所征8.2亩土地总补偿12314元。

11月20日　分站与长治市建筑安装队签订《水质化验楼建筑工程合同》,合同拟定1979年11月20日开工,1980年6月30日竣工。

11月23日　分站在地区二招举办了为期3天的长治盆地地下水长期观测员培训班,长治盆地42名委托观测员参加了培训。

12月3日　分站邀请地区水利局、长治市水利局及沁河灌区指挥部(缺席)等部门,召开洪水调查资料整编座谈会,并形成《晋东南地区、长治市洪水调查资料整编座谈会议纪要》。12月21日,省水利局以〔1979〕晋水文字1078号文,转发了这一纪要。

12月15日　据分站《1979年清理财产工作总结》:全区共有建筑面积1753平方米,价值18.4万元;交通工具21辆(自行车),价值0.27万元;机械设备30台,价值1.28万元;各种仪器478件,价值6.68万元;被服装具311件,价值0.41万元;办公用具538个,价值0.16万元;各种工具价值1.32万元。资产总值为28.6万元。

1980年

4月26日　省水文总站以〔1980〕晋水文字第51号文,决定在后湾水库站开展水文调查方法研究。

7月26日 经省水文总站7月22日会议研究,同意成立各分站技术职称考核评定小组,其中晋东南分站组成人员为:组长:霍葆贞;组员:郭联华、胡美珍、汤贞木、何太清。

9月1日 山西省水源保护监测总站晋东南地区中心站印章启用。

10月24日 按照水电部全国水资源调查和评价研究工作的重点要求,结合地区水利规划,分站在屯留、长治分别举办了晋东南地区水资源研训班,为全区水利系统培训了一批水文计算分析骨干。

12月1日 省水文总站以〔1980〕晋水文第字第149号文致分站:按照黄河、海河两大流域的要求,沁河、南运河水系的1980年水文资料采用电算整编。

1981年

11月23日 经省水文总站批准,张林山、张恩荣、张修立、苏学江4人提前退休,分别由其子张继平、张建宏、张延明、苏增富于1982年5月接班参加工作。

1982年

5月20日 省水文总站批复分站锅炉房配套等施工预算1.7万元。

6月16日 经省水文总站6月15日会议研究,同意任命:张富裕同志为石梁水文站站长;王祥同志为后湾水文站站长;侯二有同志为漳泽水文站站长;王增国同志为孔家坡水文站站长;申富生同志为北张店站站长;李进宗同志为油房水文站站长。

6月28日 省水文总站发文:根据工作需要,经研究同意任命:郭联华同志为分站站长;罗懋绪、霍葆贞、何太清同志为分站副站长。同时免去罗懋绪同志站长职务。

8月2日 油房水文站出现300多年以来2920秒立方米特大洪水。据油房水文站实测降水资料统计,7月30日至8月1日,最大3天降水量达278.2毫米。在这次特大洪水施测过程中,共施测峰前洪水2次,洪峰2次,峰后4次,控制较好。这次洪水致使油房站断面水尺全部冲光,断面索冲走,副索、牵引索刮断,新建观测房冲毁,站房地面下沉和围墙倒塌。

8月13日 省水文总站办公室副主任张保才等一行在分站领导的陪同下,前往油房站进行慰问,并对这次大洪水施测进行总结。

10月7日　晋东南地区水资源评价（第一期）工作会议在榆次召开。地区水资委、水利局、长治市水资委、水利局及部分县水利局与分站部分同志共46人参加了会议。省水文总站、水资委给予了技术指导和支持。

12月10日　后湾站职工张建宏和石梁站职工张继平，参加了由省防汛抗旱指挥部在五台县唐家湾水库举办的为期4个月的无线电报务培训。

1983年

4月4日　在北京召开的全国水文系统先进集体先进个人表彰大会上，油房水文站获先进集体奖，站长李进宗参加了会议。

5月7日　省水文总站批复分站锅炉房及采暖配套等工程投资计划8万元。

10月4日　张继平、张建宏、张延明3人在省水文总站参加了为期4个月的"文补班"。

10月8日　受省水文总站指派，分站汤贞木等同志参加了在天津召开的海河流域水资源供需平衡工作讨论会。

10月20日　分站李先平同志参加了部水文局在郑州举办的电算整编学习班。

10月23日　分站吴翠平同志参加了水电部在天津海河水利勘测设计院举办的PC-1500计算器学习班。

12月10日　省水文总站〔1983〕晋水文字第125号文任命：霍葆贞、郭联华为分站副站长；汤贞木为副主任工程师。

1984年

3月25日　经省水文总站2月18日研究决定，任命张富裕同志任石梁水文站站长；王祥同志任后湾水文站站长；王增国同志任孔家坡水文站站长；李进宗同志任油房水文站站长；张天保同志任漳泽水文站站长。

6月20日　《山西水利》杂志在1984年2期刊载《水利战线的先行者》一文，其中报道了油房水文站的先进事迹。

8月15日　经中共晋东南地区直属机关委员会批复：同意分站郭联华等三同志组成党支部委员会，郭联华同志任党支部书记，罗懋绪任党支部组织委员兼纪检委员，申富生同志任宣传委员。

9月1日　分站吴翠平赴江苏扬州水校参加了部水文局举办的水资源评价训练班。

9月10日　由分站陈照发同志参与调查、编写的《沁水县"82802"洪水调查报告》，参加了省科协学术会并获得三等学术论文奖。

10月10日　分站与长治市城市建设开发公司签订"建设住宅楼协议书"（编者注：即现在的1号楼），约定，所建住宅楼2498.26平方米，建成后出售给分站。

1985年

2月25日　经晋东南地委整党办公室批准，分站开始为期两个月的整党活动。整个活动分学习提高、对照检查、总结提高等阶段。

6月15日　水利部为从事基层水利水保，且连续工作满25年以上的霍葆贞、郭联华、罗懋绪等21位同志颁发了荣誉证书和证章。

9月12日　分站与太行锯条厂签订"协议书"。约定的主要内容为：太行锯条厂出资37万元，"北关桥1号楼"及产权各占一半。

9月20日　分站与长治市城市建设开发公司签订"出售北关桥1号楼协议书"。所建建筑物共计2498.26平方米，其中含店铺448.84平方米，造价50万元。第二条约定，分站在9月底前付30万元，11月全部付清，否则城市建设开发公司有权出售。

10月21日　分站与太行锯条厂二次签订"协议书"。太行锯条厂再出资18.05万元，享有3个单元房产，分站留一个单元。

1986年

4月21日　分站购置水利水电监测车一辆。

8月26日　孔家坡水文站与孔家坡村民委员会签订《测验设施占地赔偿协议书》（以下简称"协议书"）。该"协议书"主要约定：孔家坡站一次性赔偿孔家坡村土地损失费3000元，水文站现有设施占地享有长期使用权；今后维修、更换不再给予赔偿。

9月22日　省水文总站〔1986〕晋水文第128号文批准：陈日初、张龙水、侯二有、程歧山、全万选、杨世俊6人退休，子女接替工作。

10月20日　张建安、侯丽丽、程丽平、杨文军、全卫军、申秀云6人为合同制工人与分站签订"合同书"，合同期为5年，自1986年10月20日始，至1991年10月20日止。

1987年

4月　全省水文资料整编会议在分站召开，总站副站长米龙田及郭汝庄、柴集善、宋宏盛参加了本次会议。

6月15日　分站与太行锯条厂、漳电劳动服务公司经理部签订《关于北关桥1号楼产权补充说明》。主要约定：太行锯条厂从3个单元中，"划转"给漳电劳动服务公司经理部一个单元；分站从相邻的"漳电"二层"切"来一间（建筑面积约14.5平方米），产权基本是2：1：1。

6月29日　省水文总站站长张履声来分站指导工作。

7月9日　中共长治市直工委书记王云亭等10余人，在分站视察党的基层组织建设，并到石梁水文站考察。

7月21日　水文总站党委书记卜禅堂在分站指导工作。

8月26日　经中共长治市直工委8月25日会议研究，同意分站党支部改选及分工意见。即：郭联华任党支部书记兼纪检委员，罗懋绪为组织委员，申富生为宣传委员。

1988年

12月　分站成立劳动服务公司，焦家全任经理。

1989年

6月16日　山西省水利厅以晋水人字〔1989〕64号文批复：石梁、孔家坡、漳泽、后湾4个站为科级建制，北张店、油房2个站为副科级建制。

6月30日　中共长治市直工委授予分局党支部"先进党支部"称号，授予党支部书记郭联华"好书记"称号，授予何太清"勇于改革的优秀共产党员"称号。

7月16日　黎城仟仟雨量站实测日雨量156.6毫米，石梁水文站实测得该年最大洪峰流量1130立方米/秒。

7月17日 经共青团长治市直团委批准,恢复分站团支部,王秀云任团支部书记。

10月25日 杨海旺同志任分站副站长(列霍葆贞、郭联华前,主持工作)。

12月15日 党支部书记郭联华代表分站党支部,在中共长治市直机关思想政治工作交流会上,做了题为《思想政治工作要联系实际注重实效》的交流发言。

1990年

3月23日 分站与市气象局、水利局、漳泽水库联合召开"长治市水文气象部门减轻十年自然灾害研讨会"。长治市常务副市长杨大椿出席会议并讲话,市农委、科委和民政部门同志参加了会议。会议由站长杨海旺主持,副站长霍葆贞、郭联华作专题发言。

4月23日 分站举办青工培训班。培训的主要内容是水文测验与政治教育,张建宏等9名青工参加了培训。

4月24日 经分站研究决定,对各组室人员进行调整:办公室4人,晋义钢任办公室主任;地面水3人,何太清任组长;地下水3人,胡美珍任组长;化验室6人,于焕民任主任;雨量组4人,陈照发任组长;劳动服务公司1人,孙海棠任副经理;综合经营公司1人,焦家全。

5月8日 经中共长治市直属机关工作委员会批复,郭联华同志任党支部书记兼纪检委员;杨海旺同志任组织、统战委员;晋义钢同志任宣传委员。

5月17日 省水文总站〔90〕晋水文人劳字第13号文任命杨海旺同志任分站站长。同日,任命张富裕为石梁水文站站长(正科),李先平为孔家坡水文站站长(副科),安建民为漳泽水文站站长(副科),申富生为后湾水文站站长(副科),王祥为北张店水文站站长(副科),李进宗为油房水文站站长(副科)。

6月18日 陵川沙场小河站停止观测。

6月19日 接省水利厅晋水基字〔1990〕41号文批复,为石梁水文站站房、测验设施改造总投资11万元。

7月29日 分站组成由霍葆贞副站长为组长的抢险组,带领樊克胜、晋义钢、吴翠平同志前往漳泽水库,进行大坝渗漏和排沙量监测。

9月12日 分站党支部书记、副站长郭联华,参加了中共长治市委(扩大)五届五次会议。

10月8日 分站《水文通讯》创刊。该刊为蜡版刻写、油印,逢双月上旬编发。《水文通讯》共编发15期,于1993年3月休刊。

11月16日　石梁站站长张富裕同志出席了全国水文系统"双先"表彰会议。在这次会议上,石梁水文站荣获"全国水文系统先进水文站"称号。

1991年

1月21日　长治市直工委主办的《市直党建》刊载分站党支部《思想政治工作要联系实际注重实效》一文。

2月2日　分站开展迎新春春联征集活动,全体干部职工积极参与,共筛选了13副刊于《水文通讯》。

4月18日　分站站长杨海旺同志任长治市防汛抗旱指挥部指挥。

5月4日　分站团支部召开五四青年节纪念会,组织团员青年赴武乡八路军纪念馆接受革命传统教育。

7月1日　在中国共产党成立70周年之际,分局党支部"基层党组织建设"展板,参加了中共长治市直工委在长治市委大院组织的展览活动。

7月13日　接省水文总站(1991)干部调动介绍信第50号:药世文、牛二伟、赵建伟、申天平4同志分配到分站工作。其4人分别在孔家坡、油房、北张店和石梁水文站。

8月2日　在我国华东地区发生重大水灾时,分站组织了捐款活动,这次共募捐善款300元,交于街道政府统一汇往灾区。

10月　陈照发同志获省委省政府优秀农村工作队员奖。

11月28日　接总站通知,分站党支部书记、副站长郭联华同志,前往襄垣县夏店镇霍村开展为期5个月的社教工作。

1992年

1月21日　省水文总站副站长郝苗生一行,在分站站长杨海旺的陪同下,前往石梁水文站验收办公楼建设项目。

1月24日　分站(东院)办理了"房屋所有权证",建筑面积共计2132.40平方米。

1月27日　分站分析室在1991年度全国水利系统水分析质量考核中获水质监测"优良分析室"证书。

3月7日　分站杨海旺、陈新太、焦家全、冯林芳4人,获水利部荣誉证书和证章。

3月21日　全省地下水工作会议在长治召开,各分站站长、省水资办与长治、晋城水资办有关同志共30余人参加了会议。

4月27日　分站党支部书记郭联华同志驻襄垣社教工作队归来。由其领导的襄垣霍村社教工作队受到省委和襄垣县委的表彰,本人被评为先进队员。

6月7日　石梁水文站办理了"国有土地使用证"(注:该证原件1993年11月20日交总站,由胡润泉签收。)

6月29日　分站与漳泽水库管理局签订了西莲、高河、东大关和湛上4个进库站技术服务合同。

7月13日　省计委晋计基农字〔1992〕659号文下达漳泽水文站基本建设投资14万元。

7月　杨兴斋同志获中共长治市直工委举办的"知党、爱党、跟党走"知识答题优秀奖。

9月19日　省水文总站任命吕保华为分站副站长(保留正科级)。

10月17日　应长治市水利局、漳泽水库管理局及漳泽电厂邀请,何太清、胡美珍、晋义钢三同志,分别前往屯绛、鲍家河、申村水库,为向漳泽电厂调水进行水量监测。

10月24日　分站(东、西)两院办理了"房屋所有权证",建筑面积分别为2132.40平方米和1171.46平方米。

11月18日　分站举办雨量站观测员业务培训班,共有20余名观测员参加了培训。

11月25日　分站领导杨海旺、吕保华等一行5人,前往湖北荆州、宜昌等地水文分站学习、考察。

11月30日　分站吕保华、孙晓秀一行,前往郑州参加全国水文系统综合经营短平快项目经验交流会。

1993年

2月4日　晋义钢同志被聘为《中国水利报》通讯员。

2月　分站实业公司宝丽板投入试生产,年底共生产宝丽板3196张,实现产值21.8万元,获毛利3.7万元。

2月23日　原水利部水文司司长、中国水利电力企业管理协会水文分会会长胡宗培,在省水文总站站长张履声的陪同下在分站指导工作。胡宗培一行参观了宝丽板生产技术,并与分站干部职工见面。

5月10日 分站劳动服务公司改名为水文经营公司,同年6月,又改为水文实业公司,并成立无机装饰宝丽板厂,吕保华兼任经理。

6月16日 省防汛抗旱指挥部晋汛字〔1993〕21号文批复:站长杨海旺为漳泽水库防汛指挥部成员。

7月9日 分站(东、西)两院办理了"国有土地使用证",土地使用面积分别为4930.9平方米、2573.0平方米,其中建筑占地分别为1106.3平方米、598.3平方米。

8月4日 孔家坡水文站发生历史特大洪水后,分站副站长郭联华带领胡美珍、樊克胜等同志于下午赶往沁源协助工作。

8月12日 总站副站长郝苗生在分站站长杨海旺的陪同下,前往孔家坡水文站了解"93804"洪水情况,指导测验和调研灾后站房重建等问题。

8月19日 根据总站安排,分局杨海旺、胡美珍、申富生、晋义钢、崔和润、李先平等12人,配合省局郭汝庄等同志前往沁源、沁县、潞城开展"93709"和"93804"洪水调查。

8月25日 山西省防汛指挥部发文(晋汛字〔1993〕32号),对在抢测8月3日晚至4日沁河流域特大暴雨洪水中做出成绩的孔家坡水文站和该站站长李先平同志予以通报表彰。同期,孔家坡水文站获省政府铜牌奖和5000元奖金。

11月6日 后湾水文站办理了"国有土地使用证"。该证标明用地面积1479.36平方米,其中建筑用地170.85平方米。

1994年

2月26日 省水文总站批复孔家坡水文站工程投资12.3万元,用于灾后站房重建。

3月15日 山西省水文总站以〔1994〕晋水文人劳37号文任命崔和润为石梁水文站站长、申富生为漳泽水文站站长、安建民为后湾水文站站长、李先平为孔家坡水文站站长。上述4人均为正科级。

4月13日 省编委以晋编字〔1994〕23号文赋予分站法人代码:40570805—8。

5月12日 在省水文工作会议上,分站党支部的《抓好三个坚持,加强支部建设》、综合经营公司的《困境中求发展,市场上找出路》和李先平同志的《栉风沐雨十八载,测算报整乐其中》典型材料在会上进行交流。

9月3日　省水文总站党委书记王振森、党办主任庞守贵在分站指导工作。

11月5日　省计委以晋计基农字〔1994〕73号文下达投资计划,分站水质监测中心综合楼建筑面积为2796平方米,年度投资62万元。

12月5日　山西省水文总站以〔1994〕晋水文人劳37号文任命吕保华任晋东南分站站长职务,申富生任晋东南分站副站长职务。同时免去杨海旺分站站长职务。

同日,油房水文站办理了"国有土地使用证",面积为39518平方米。

12月12日　省水文总站以晋水文基字〔1994〕39号文为分站下达基地建设资金49.6万元。

12月14日　根据省水文总站〔1994〕晋水文人劳37号文任命,分站新的领导班子作了分工:站长吕保华主持全面工作,分管人事劳资、财务、基建、综合经营;副站长郭联华分管党支部、办公室、计划生育、安全保卫、工青妇;副站长申富生分管业务及测站工作。

1995年

1月12日　分站成立基建领导组。组长吕保华,副组长郭联华,成员高海亮(聘为甲方技术总负责)、晋义钢和秦福清。

同日,分站对住宅楼建设项目公开招标,参加投标的4家建筑企业,最终林州三建驻长治公司中标。

1月16日　分站开展民主评议党员活动,13名党员除两名因病、因事请假未能参加外,11名党员全部参加了活动。经民主测评和党支部评议,何太清等4名党员被评为优秀党员,其余均为合格党员。

3月3日　省水利厅基建处、晋东南水文分站、漳泽水库管理局和后湾水库管理局,签订了漳泽、后湾水文站基建费用使用办法及建成后固定资产权属协议书。

3月15日　分站住宅楼破土动工。该住宅楼占地面积430.5平方米,建筑面积2377平方米,主结构为两个单元,一梯二户,钢筋混凝土基础。

4月9日　水利部水文司副司长刘雅鸣,在省水文总站党委书记王振森陪同下,在分站视察、指导站队结合基地建设。

5月12日　以水利部水文司金传良处长为组长的国家计量认证评审组,在省水文总站副站长李文英陪同下,对水环境监测中心进行验收评审。同日,长治市副市长成葆德、晋城市副市长白晚才等领导应邀参加了水质监测工作座谈会。

7月3日　分站《长治市水情月报》第一期出刊。

7月21日　省水文总站史庆富一行,在孔家坡水文站进行基建项目验收。

9月25日　分站以〔1995〕晋东南水文字第32号文下发《关于成立综合档案室的通知》,郭联华兼任档案室主任,邢丽娜为档案员,胡美珍协助档案资料整理。

12月24日　省水利厅、省水文总站以及分站住宅楼设计、监理、施工单位,对分站验收住宅楼进行验收。住宅楼工程质量评为优良。

1996年

1月22日　省水利厅副厅长刘润堂来分站视察。

3月19日　省水利厅纪检组组长王文中在总站站长赵之同陪同下,考察了新建的职工宿舍、水质分析中心。

3月20日　省水文总站站长赵之同一行,在分站就领导班子建设、职工整体素质、基层职工利益等问题进行调研。

4月28日　分站颁发《水文测站管理条例》。该条例共涉及精神文明建设、测报整等11个方面的内容。

5月4日　省水文总站(晋水文行字〔1996〕9号)下发《表彰1995年度先进集体和先进个人的决定》,石梁水文站被评为先进水文测站,吕保华、何太清、晋义钢、李先平、张建安被评为先进个人。

5月29日　经中共长治市直工委1996年5月29日会议研究批复:吕保华同志任党支部书记;申富生同志任组织、统战委员;晋义钢任宣传、纪检委员。

6月8日　经民主选举并报省水文总站工会委员会批复,晋义钢为分站工会主席,王必玲为副主席。

7月1日　分站新建办公楼,安装25米高四柱角钢通讯塔一座。

7月16日　省水文总站赵之同在分站站长吕保华等陪同下,在石梁水文站指导汛期水文测报工作。

7月16日　根据省编委晋编字〔1996〕31号《关于变更省、地市水文机构名称的通知》,更名后的分局为副县(处)级建制,领导职数为3名,职工编制为48名(含晋城市水文水资源勘测分局)。

8月30日　经长治市无线电管理委员会批准,分站设立防汛无线电台,并与各测站建立水文通信网。

9月　分站制定出《晋东南水文分站档案标准》。

10月3日　长治市人民政府办公厅以长政办发〔1996〕57号发文:长治市人民政府办公厅关于认真贯彻《山西省人民政府关于加强水文工作的通知》的通知。

12月4日　油房水文站办理了"房屋所有权证"。该证标明油房水文站建筑面积总计为374.1平方米。

1997年

3月17日　省水文总站批复:原则同意我站引资开发分站西院计划,开发后的一层临街门店归分站所有,其余建筑面积与投资方各半。

4月14日　分站与漳泽水库签订"建房契书",约定在北关街26号(编者注:分站所在地原街名)分站三层拐角楼位置,新建建筑面积2720平方米综合楼,建筑占地由分站提供,建筑资金由水库支付。

4月16日　《长治日报》三版刊载题为《最后一次党费》小通讯,讲述了分站原老领导张恩荣同志弥留之际,嘱托儿子张建宏为其代缴3.6元党费的故事。

5月7日　分站吕保华、晋义钢、王必玲、药世文、张建安5人,参加了全省水文系统首届职代会。

5月17日　与漳泽水库合建综合楼开工。该建筑物面积为2720平方米,其中包括漳泽水库12套住宅,面积约1370平方米。

6月5日　山西省水文总站晋东南分站机构更名为长治市水文水资源勘测分局并启用新印章。

6月17日　晋城市人民政府办公厅以晋市政办〔1997〕84号发文:关于认真贯彻《山西省人民政府关于加强水文工作的通知》的通知。

9月1日　省水利厅副厅长王世文在分局视察。厅领导一行听取了局长吕保华的工作汇报,视察了分局水质分析室、综合档案室。

9月24日　长治市水文水资源勘测分局、晋城市水文水资源勘测分局机构更名挂牌仪式在长治隆重举行。省水利厅副厅长赵廷式、李建国,长治市常务副市长郭有勤,省水文局局长赵之同、党委书记闫株林以及长治市人民政府计划、水利等20余个部门的领导、全省兄弟分局局长近百人出席了挂牌仪式。省水利学校、晋城市副市长白晚才等发来贺电。

当日,《长治日报》刊出1/2的宣传版面。

10月29日　分站与漳泽水库签订建房契书"补充协议",双方合建建筑物南部2至5层12套(约计1370平方米),住房归漳泽水库所有,其余全部归分站所有。

10月　崔和润参加了由水利部水文司组织的赴京学习考察团,同来自全国15个省市的基层水文职工代表互相交流水文的改革与发展。

11月6日　根据省编委晋编字〔1996〕31号《关于变更省地市水文机构名称的通知》和省水利厅晋水发〔1997〕293号《关于省、地两级水文机构内设机构的批复》的精神,经省局研究决定,分局内设机构为:办公室、水文经济科、站网科、地下水监测科、水情信息科和水质监测科6个科室,级别为正科级。领导职数除办公室为2名外,其余均为1名。

12月31日　漳泽水库管理局以"交付使用财产明细表"的形式,将1995年3月使用基建资金建设的647平方米漳泽水文站站房移交分站。

1998年

2月10日　水利部水文司处长王玉辉,由省局局长赵之同陪同在石梁水文站调研。

2月18日　根据省编委晋编字〔1996〕31号《关于变更省地市水文机构名称的通知》,为理顺基层水文机构,经省局研究,分局所管辖的6个测站,均相应变更为:山西省水文水资源勘测局漳泽水库水文站、山西省水文水资源勘测局孔家坡水文站、山西省水文水资源勘测局油房水文站、山西省水文水资源勘测局后湾水库水文站、山西省水文水资源勘测局石梁水文站、山西省水文水资源勘测局北张店水文站。

2月25日　经省局党委会研究决定,任命晋义钢为分局办公室副主任、代理副局长;何太清为站网科科长;孙晓秀为水情信息科副科长;王保云为地下水监测科副科长;于焕民为水质监测科副科长;秦福清为水文经济科副科长。

2月　在长治市市直单位争创"最佳服务机关"经验交流会上,分局《发挥水文行业独特优势,着力服务长治经济建设》典型材料在会议上进行了交流。同年5月,分局获长治市直工委"最佳服务机关"称号。

3月16日　后湾水文站站房改造工程开工。该站建筑站房7间,砖混结构,面积为146

平方米。

4月　分局局长吕保华获国家水利部全国水文系统先进个人。

5月13日　省局授予分局1994、1995、1996年地下水资料质量连续三年全省第一名奖杯一个;授予分局1995、1996、1997年水质资料质量连续三年全省第一名奖杯一个。

8月13日　分站为南方遭受洪水灾害的灾区捐款1390元。

8月18日　分站拐角综合楼竣工。

12月4日　黄委会以黄水计〔1997〕85号文,为漳泽水文站下达基建投资计划20万元。

12月18日　分局党支部《加强和发扬党的民主集中制是克服官僚主义的治本之策》一文,获中共长治市直工委纪念党的十一届三中全会二十周年理论研讨会优秀论文三等奖。

1999年

4月　省劳动竞赛委员会授予局长吕保华"五一劳动奖章"。

5月7日　经省局党委会研究决定,任命孙晓秀为办公室副主任(主持工作),免去孙晓秀水情信息科副科长的职务,任命晋义钢为分局办公室副主任、代理副局长职务。

5月22日　晋城市市长马巧珍,副市长白晚才、李富林等领导来分局视察。晋城市政府领导一行在省局党委书记闫株林、分局局长吕保华陪同下,参观了分局水质分析室、档案室,并与分局干部职工合影留念。

5月27日　山西省水利学会水环境研究会成立暨学术交流会在长治分局水文职工培训中心召开,各分局局长和水质分析室的同志参加了会议。

7月6日　《中国妇女报》以《山山水水总是情》为题,报道了分局局长吕保华的事迹。

7月12日　分局水文培训中心经工商部门注册并开始营业。本中心注册资金为15万元,经营形式为对外承包式,营业范围有住宿、饮食、食品零售等。

9月30日　分局组织全体干部职工,以象棋、扑克牌、羽毛球、卡拉OK演唱等文体活动,迎接新中国成立50周年。

11月8日　省局副局长杨致强,地下水处处长李谦、副处长吴有志一行3人,对分局地下水高程引测成果进行验收。验收组认为:长治分局高程引测工作扎实,方法正确,数字正确,计算无误。

11月12日　山东省水文局局长于文江一行,由省局党委书记闫珠林陪同在分局访问、考察。

2000 年

5月28日　省局做出《关于表彰1999年度先进分局、文明科室、先进个人决定》（晋水文发〔2000〕13号），其中长治分局为先进分局，漳泽站为先进报汛站，吕保华、于焕民、李先平为先进个人。

6月6日　长治市委书记吕日周、副市长常反堂等领导同志来分局视察工作。市领导一行视察了分局的化验室、水情值班室和综合档案室。常反堂副市长赞扬："长治分局《水文月报》办得很好，对政府工作很有帮助。"

6月19日　省水利厅厅长李英明、副厅长菅二栓来分局视察工作。

12月31日　分局组织全体干部职工，以拔河、扑克牌等文体比赛活动，迎接新的一年到来。

2001 年

8月15日　分局为购房职工办理了"房屋产权证"。本次为职工二次购房，全产权，购房职工40余户。

2002 年

1月22日　牛二伟同志被省局授予"山西省水文勘测技术能手"称号。

1月25日　省局授予石梁、后湾、漳泽水库水文站"文明水文站"称号，授予石梁水文站"文明标准水文站"创建活动先进集体；授予崔和润、安建民"文明标准水文站"创建活动先进个人。

同日，于焕民被评为全省水环境质量管理先进个人。

3月15日　分局全体干部职工前往长治市八一广场文明市民誓词碑前参加市精神文明指导委员会组织的"创建文明城市、我做文明市民"宣誓。

3月20日　分局以长水文发〔2002〕12号《通知》：严格贯彻执行《长治水文分局机关科室年度百分考核办法》和《分局机关工作人员年度百分考核办法》。

3月23日　分局对水文测验、整编、报讯等业务技能进行考试并排名，其中霍新生同志为这次考试成绩第一名。

3月25日 分局全体干部职工参加了长治市义务植树、美化城市活动。

4月2日 山西省华祥审计事务所受分局委托,审验了截至2001年12月31日的资产负债表(也称财务情况表)。经审验,截至2001年12月31日,分局总资产额为765.5万元,其中固定资产为人民币742.8万元,流动资产为人民币22.6万元。

4月16日 分局向省局提出孔家坡水文站修建养猪场请示。至本年底,孔家坡生猪存栏已达30余头。

4月17日 分局全体干部职工为长治市精神文明建设"150"捐款565元。

4月 分局组织干部职工对住宅小区原建筑杂物、垃圾进行了清理后,进行了硬化、绿化和美化,安装了科普橱窗和健身器材。

7月15日 经省局党委会研究决定,任命孙晓秀、王保云为副局长,同时免去上述两位同志办公室副主任和地下水科副科长职务。

11月13日 省局晋水发〔2002〕89号文任命李先平为分局站网科科长;王江奕为分局计财科副科长;药世文为孔家坡水文站副站长(副科);樊克胜为分局水情科副科长;赵建伟为漳泽水文站副站长;牛二伟为油房水文站副站长(副科)。同时,免去李先平孔家坡水文站站长一职。

2003年

3月1日 分局做出《关于表彰先进雨量站、报汛站的决定》,对长子等25处先进雨量站和芹池等4处先进报汛站予以表彰。

3月10日 分局举办降水观测报汛培训班,长治、晋城两市近百名雨量观测员参加了培训。

同日,分局组织退休老同志,前往榆次老城等景点游览观光。

4月9日 分局举办地下水观测员培训班,20余名观测员参加了地下水观测业务培训。

5月30日 孔家坡水文站与沁源县水利局创办《沁源水文公报》。

6月9日 根据市直工委批复,分局党支部进行换届选举,选出新一届支部委员会,由申富生、于焕民、王江奕组成。

同日,省局局长狄丕勋在孔家坡水文站站长药世文写给他的信上批示:"请各分局参阅,孔家坡测站的一些想法和做法值得借鉴。"

6月10日 省局以晋水文函〔2003〕1号发函,在测站推广孔家坡水文站"依据测站自身经验,努力创新,积极为当地政府和群众服务"的经验。

6月20日 省局副局长杨致强及站网处处长石东海等一行6人,在分局局长申富生陪同下,在北张店站就文明创建活动进行调研。

6月 分局机关积极响应长治市红十字会"关爱生命,抗击非典"捐助倡议,为红十字会组织捐款670元,受到长治市红十字会通报表彰。

7月16日 由分局提供的长治市13个县(市、区)实时土壤墒情信息,在长治电视台发布。该信息每隔5天播出一次,次日在《长治日报》上发布。据悉,通过电视和新闻媒体发布土壤墒情信息,在山西乃至整个华北地区还是第一家。

7月22日 分局成立宣传机构,分管领导为孙晓秀;成员有杨建伟、孟岩鹭(分局)、赵建伟(漳泽)、赵静敏(后湾)、崔和润(石梁)、药世文(孔家坡)、申天平(北张店)、牛二伟(油房)。

9月19日 为迎接全省水文勘测工技术考核及技能竞赛活动,分局组织了技术大练兵。活动竞赛形式有卷面考试与操作考试两种,评分标准严格按照《全国水文勘测工技能竞赛外业操作情况说明》进行。

9月22日 国家计量认证评审专家翁建华等一行,在省局党委书记闫珠林、副局长田新生的陪同下,对分局水环境监测中心进行计量认证复查评审。

10月9日 分局局长申富生带领25名同志前往晋中市参加了全省勘测工技能考核。

10月12日 分局局长申富生在省委党校参加了为期一周的省直机关县处级干部"三个代表"重要思想培训学习。

10月15日 分局举办电脑培训班,全体干部职工参加了培训学习。

10月23日 省局资料信息中心主任梁述杰在分局检查指导档案工作,就档案规范化、标准化建设提出了很好的建设性意见。

12月25日 经分局全体(实到会29人)职工大会讨论,对分站1990年4月委托焦家全同志与他人合办煤矿创收遗留问题做出以下处理意见:处理应充分尊重前任领导有关处理决定和法院的判决;当初投资的本金3万元,由焦家全同志负责交回;追收利息1万元;焦家全同志1993至2002年的工资,执行前任领导所定的基本工资标准;此前及今后焦家全同志与法院、被告之间产生的各种诉讼费、执行费等一切费用由焦家全本人支付,分局一概不再承担。

2004年

4月　分局完成了办公楼局域网建设,为实现资源共享、网络学习和办公自动化奠定了基础。通过新思创OA办公自动化系统的应用,大大简化了办事程序,提高了工作效率,初步实现了无纸化办公。

6月6日　黄委会水文局局长牛玉国一行在省局局长狄丕勋陪同下,在分局视察并与局领导座谈。当日下午,牛玉国一行在分局局长申富生等陪同下,前往油房水文站视察。

6月7日　省局局长狄丕勋及办公室主任乔力群、站网处处长石东海一行在分局局长申富生陪同下到北张店水文站检查指导工作。

9月20日　分局向各水文站发文:学习借鉴孔家坡水文站行业服务先进经验。

10月9日　省局以晋水文发〔2004〕70号文上报水利部水文局,推荐长治分局孔家坡、石梁参加全国水文系统文明水文站评选。

2005年

3月24日　水利部水文局、水利部精神文明建设指导委员会办公室,授予孔家坡水文站"全国文明水文站"荣誉称号。

4月6日　长晋水文信息网开通。本网除开辟"动态消息"等栏目外,还为社会公众提供多种水文信息服务。

4月25日　全省水文工作会议在沁源县召开,全体与会人员考察了孔家坡、北张店水文站,参观了爱国主义教育基地黄崖洞。省水利厅副厅长裴群、张健出席会议并讲话,长治市副市长常反堂及沁源县委县政府主要负责人出席会议。这次会议的形式和内容,在我省水文史上还是第一次。

7月6日　分局开展保持共产党员先进性教育活动,并成立了以党支部书记、局长申富生为组长的领导组。

10月29日　据中国水文信息网消息:石梁、漳泽水文站被确定为全国重要水文站。本次被确定为全国重要水文站的有978家,我省有16家水文站名列其中。

11月23日　《山西工人报》4版刊发通讯《迎接风雨,描绘彩虹》,报道了分局局长申富生励精图治,艰苦奋斗,无私奉献水文事业的事迹。同期,由中央国家机关工作委员会主办的《紫光阁》先进性教育2005专刊,刊载《长治水文掌舵人——记长治市水文水资源勘测局党支部书记、局长长申富生》专题文章。

12月21日 长治市、晋城市第二次水资源评价报告初审会分别在长治、晋城召开,省水资办、水资所,长治、晋城两市政府、水利局、水资办的领导、专家以及承担此项工作的分局人员90余人参加了会议。

2006年

2月13日 分局召开全体干部职工会议,启动常增知识、常长能力、常出成果、推动工作"三常一推"活动。

2月19日 在沁源县"三干"会上,孔家坡水文站被沁源县政府授予"先进单位"的荣誉称号。

4月8日 分局召开长治、晋城两市水情信息编码标准贯标培训会议,长治、晋城两市30个雨量站的观测员参加新的水情信息编码业务培训。省局副局长杨致强出席并作讲话。

4月11日 全省水环境监测工作技术交流会在分局召开,省局副局长杨致强、副总工王瑞凤、处长李爱民等出席。来自省水环境监测中心及各分中心的技术人员共计22人参加了交流研讨。

4月17日 分局霍新生、张建安、王江平、杨文军、王建虎、李乾6人,参加了省局委托黄河水利职业技术学院举办的为期1年的业务培训班。学习期满经考试合格后,均获得中专毕业证书。

6月1日 分局所有报汛站全部使用新的"水情信息编码标准"进行报汛。

6月4日 为认真落实省水利厅领导指示精神,做好张峰水库报汛服务工作,分局在张峰水库上游龙渠、大将增设水位报汛站2处,在古堆增设雨量报汛站1处。

6月20日 分局组织科级以上领导和党员前往武乡八路军太行纪念馆、八路军总部接受革命传统教育。

6月23日 在长治市直机关纪念建党85周年暨争先创优活动表彰会上,分局党支部被授予"先进基层党组织"荣誉称号,党支部书记、分局局长申富生和站网科科长李先平分别被授予"优秀党务工作者"、"优秀共产党员"称号。

7月5日　分局水情机房安装电源防雷系统。

7月13日　分局组织全体职工进行了前半年业务知识学习考试。此次考试由分局统一命题,集中阅卷,考试成绩将作为职工年度考核的依据。

8月　以分局申富生、王保云、于焕民、吴翠平为编撰委员会委员,申富生、王保云、于焕民、李季芳、吴翠平、任焕莲、药世文、赵静敏、王江平为项目主要参加人员的《长治市水资源评价》一书由中国科学技术出版社出版。全书共11章,主要阐述了长治市水资源数量、质量及其时空分布的变化规律,确定了水资源可利用量,分析了水资源开发现状及存在的问题,为长治市水资源可持续利用提供了科学依据。

9月1日　根据中央及省委、市委的有关指示精神,分局就认真深入学习《江泽民文选》进行部署,为各科室、测站发送了学习材料,要求按照胡锦涛总书记的讲话精神,充分结合实际工作,增强学习的全面性、系统性、自觉性,要把握精髓,切实学深学透,用"三个代表"重要思想来武装头脑,指导实践,推动长治水文分局的各项工作全面发展。

11月1日　分局就水情信息系统项目组织鉴定会,市水利局总工孙晋峰等参加了该项目的鉴定。

11月2日　孔家坡水文站站长药世文、石梁水文站站长申天平、漳泽水文站站长赵建伟,参加了由中国水利教育协会和河海大学在南京举办的全国水文站站长培训班。

2007 年

2月11日　市直工委书记刘素华一行,在分局指导保持共产党员先进性教育活动。

3月26日　分局召开2007年度工作会议,分局机关及测站全体职工参加,申富生作题为《树立大水文行业观,努力构建和谐水文》工作报告。

4月18日　省局副局长牛振红、站网处处长赵凯一行,在分局申富生局长的陪同下,到孔家坡水文站、油房水文站分别就迁站和危房改造事宜进行调研。

5月9日　分局组织机关全体干部职工,学习、讨论了《中华人民共和国水文条例》。

5月25日　省局副局长杨致强、牛振红及站网处处长赵凯等,在长治水文分局检查指导汛前准备工作。检查组先后对孔家坡、后湾、石梁和漳泽水库4站进行了检查。检查组还特别就孔家坡站的搬迁事宜与沁源县政府的主要领导及有关部门负责人进行了协商,确定了新迁站的站址、拆迁赔偿等相关事宜。

5月27日 孔家坡水文站与沁源县城建局签订"拆迁补偿协议书"。签订拆除房屋共12间(计279平方米)以及大门等附属物等,补偿价款共计611032.73元。土地问题另行解决。

5月28日 分局副局长王保云参加了晋城市政府主持召开的"晋城市第二次水资源评价"审查验收会。

6月10日 分局与长治市水务局联合举办《中华人民共和国水文条例》宣传活动。活动分别在长治市政府和分局门前设立宣传点,并以宣传车形式在市区主要街道流动宣传。市水务局局长王俊杰、分局局长申富生等领导,带领干部职工统一着装、身披绶带走上街头,向过往群众发放宣传资料。当日,长治市电视台、长治日报等新闻单位对此次活动进行了现场采访。《长治日报》于6月11日在头版报道了此次宣传活动。

同日,分局一行5人在孙晓秀副局长带领下,前往晋城市设立宣传点进行宣传。石梁等6个水文站,分别采取张贴《中华人民共和国水文条例》、悬挂宣传条幅、发放资料等形式开展宣传活动。

6月14日 在城区综治工作会议上,分局被长治市城区区委、区政府授予"平安单位"荣誉称号。

7月30日 受长治市防汛指挥部委托,分局对"7·29"洪水进行了全面的调查。7月29日下午起,浊漳河上游发生强降雨过程,漳泽水库上游长子、屯留面平均降水量达到139毫米和123毫米,部分地区降雨量达177.9毫米,长子县的鲍家河水库、申村水库,屯留县的屯绛水库开始大流量泄洪。漳泽水库各进库站均出现历史较大洪水,特别是高河、东大关出现设站来最大洪水,河流漫滩、断面被冲毁,其汇流下游的店上桥水位漫桥,出现重大险情。

8月8日 《上党晚报》以"雨中的水文工作者"为题,在头版显著位置报道了孔家坡水文站施测洪水大幅照片。该照片生动逼真,现场感强,真实记录下了站长药世文和职工田文罡进行洪水施测的场面。

8月20日 长治市人民政府许霞副市长,在市水务局局长王俊杰、财政局副局长陈根瑞等陪同下来分局调研,看望慰问水文职工。分局局长申富生向许霞副市长作了汇报。随后,许霞副市长一行参观了分局的水环境监测中心、水情信息中心和资料档案室。

8月27日 经过一周的艰苦施工,完成了分局所属16个报汛雨量站的电话信号避雷器安装工作,为保障委托观测员准确、及时报汛提供了安全可靠的通信条件。

9月22日 沁源县水利局局长孙团进一行携带慰问品到孔家坡水文站看望慰问水文职工,对孔家坡水文站多年来为沁源县防汛抗旱和服务地方工作做出的突出贡献给予了充分肯定和赞誉。

10月10日 分局组织退休老同志到平遥古城、常家庄园两天观光旅游。

10月26日 第二届晋冀鲁豫边区水文工作座谈会在长治召开,来自河北邯郸、山东聊城、河南安阳、濮阳、新乡5市水文分局同行与我分局同人齐聚一堂,相互交流、研讨。晋冀鲁豫边区水文工作座谈会由河北邯郸水文分局于2006年发起,每年举行一次,每年一个议题。

2008年

3月6日 接省局晋水文发〔2008〕12号文:孔家坡水文站更名为沁源水文站。

3月21日 石梁水文站举行隆重的"国家基本水文站"揭牌仪式,这是全省首家为国家基本水文站揭牌。长治市水利局和潞城市、黎城县政府有关领导出席仪式并讲话。长治日报、长治电视台、山西电视台对这一活动进行了报道,"新华网"、"新浪"等网站先后转发了这一消息。

3月28日 北张店水文站举行"国家基本水文站"揭牌仪式,屯留县政府、水利、公安及北张店镇政府有关领导出席了揭牌仪式。

5月19日 四川省汶川县发生里氏8.0级地震后,分局干部职工积极行动起来,开展了抗灾捐款活动,4180元首批捐款通过长治市红十字会汇达灾区。

5月22日 分局被中共长治市委、长治市人民政府授予"文明单位"称号,分局住宅小区被授予市级安全文明小区和园林化庭院,小区住户全部为"五星级"文明家庭。

5月26日 分局全体共产党员以交纳"特殊党费"的形式支援汶川灾区,16名党员共交纳"特殊党费"12600元,其中9名在职党员共交纳10000元,7名退休党员共交纳2600元。

5月30日 分局机关全体干部职工参加了《中华人民共和国水文条例》知识竞赛,竞赛成绩排在前三名的是樊克胜、王江平和王江奕。

6月4日 分局成立暴雨洪水突发事件应急工作组,组长由局长申富生担任,副组长由副局长孙晓秀、王保云担任,成员有李先平、牛二伟、杨建伟等10人。

6月10日 石梁水文站站长申天平与全省部分水文站站长赴黄河干流吴堡水文站进行防洪演练。

6月19日 孔家坡水文站应邀参加了省长孟学农在沁源视察并就相关问题进行的调研会。

6月26日 在中共长治市委召开市直机关纪念建党87周年暨争先创优表彰大会上,

分局被表彰为"先进基层党组织"和"最佳服务机关"。分局杨建伟同志被评为"优秀共产党员",分局党支部委员王江奕同志被评为"优秀党务工作者"。

7月9日 由省局老干处组织的退休老领导、老干部郝苗生、王继鹏一行10多人抵北张店站视察。老干部一行在长治期间,参观了武乡八路军纪念馆、平顺县西沟纪念馆和红旗渠等处。

9月 《晋城市水资源评价》由中国水利水电出版社出版。该评价报告的编写完成和出版,为晋城市实现水资源合理开发、综合治理、优化配置、高效利用和有效保护等提供了重要技术支撑。分局申富生、王保云、吴翠平为该书编委,于焕民、王保云、申天平、申富生、吴翠平、赵静敏(以姓氏笔画为序)为主要参加编写人员。

10月16日 沁源水文站药世文同志被评为全国优秀基层水文职工,其先进事迹同时在"中国水文信息网"介绍。

10月28日 分局再次开展为四川地震灾区捐款活动。这是自四川"4.12"大地震后组织的第二次较大规模的捐赠活动。在不到2个工作日里,共接到干部职工捐赠款项4050元。

10月31日 分局召开深入学习实践科学发展观活动动员会。省局党委书记张敬平、长治市委学习实践科学发展观活动指导小组等同志出席并分别讲话。分局局长、党支部书记申富生作题为《全面落实科学发展观推进水文工作又好又快发展》的动员报告。

11月11日 分局邀请中共长治市委党校白波瑞教授,对分局深入学习实践科学发展观活动进行专题辅导。讲座由分局申富生局长主持。分局全体党员、干部职工、各测站站长和部分退休老党员40余人参加。

11月27日 沁源水文站被省总工会农林水工委命名为"工人先锋号"称号。

2009年

1月1日 经省局批复,从2009年1月1日0时起,沁源水文站新迁断面开始水文观测。沁源水文站2008年4月由孔家坡水文站更名而来。2007年,孔家坡站受沁源县城建设和道路改造影响,经省局、长治分局及沁源水文站与驻地政府多次协商,将沁源水文站新址确定在原址下游4千米处的沁源县城东侧。

4月12日 分局组织的清泉水流量调查如期完成。3月下旬以来,分局按照省局统一部署,抽调精干力量,编成6个小组,分赴长治、晋城两市17个县(市、区)开展了清泉水野外调查工作,共完成156个调查点的流量施测。

4月28日 省水利厅副厅长裴群、省水文局局长宋晋华、党委书记张敬平一行,在分局宣布长治分局局长任免事项,任命李爱民同志为长治分局局长,同时免去申富生同志长治分局局长职务。

6月14日 潞城市副市长郭保太,在分局局长李爱民陪同下,前往石梁水文站就测验河段种植林木影响洪水测验和安全行洪问题进行现场办公。

7月16日 分局在漳泽水库进行蓝藻采样监测,这是从2009年5月以来分局在漳泽水库进行的第3次蓝藻采样。据悉,这是我省历史上首次开展的蓝藻监测。

7月17日 分局从增强突发水事件应对能力出发,在浊漳河南源店上河段进行了应对突发性洪水模拟演练并达到预期效果。局长李爱民现场参与和指导了这次演练。

7月30日 分局召开全体党员大会,选举新一届支部委员会。党员大会按照《党章》和《中国共产党基层组织选举工作暂行条例》,以差额选举的方式选举李爱民、王江奕、晋义钢为长治分局新一届支部委员会。随后,本届支部委员会召开第一次会议,选举李爱民为长治水文分局党支部书记,确定王江奕为组织委员,晋义钢为宣传委员。

9月12日 分局李爱民、王江奕、晋义钢和张建宏4人,参加了水利厅组织的千名干部下基层活动,赴黎城县进行了为期两周的农村安全用水、农田灌溉大调研。4人撰写的调研感想或体会文章,均收编于山西水利发展研究中心编写的《踏遍三晋问水情》一书。

12月31日 长治市水环境监测中心更名为山西省水环境监测中心长治分中心。

2010年

1月26日 长治市水利局局长关小平一行应邀来分局座谈。分局局长李爱民向客人介绍了长治分局的基本情况和水文工作在经济社会建设中发挥的主要作用。双方就继续加强技术合作与服务达成一致意向。在座谈之前,关小平一行还参观了装饰一新的水情会商中心、水质化验室。

3月17日 由分局局长李爱民、副局长孙晓秀等同志完成的《长治市灾害性洪水预测预警系统研究》,获得2009年度长治市科学技术应用、推广类成果二等奖。

3月23日 山西省水环境监测中心长治分中心印章即日起启用,原长治市水环境监测中心印章同时废止。

4月22日　省局晋水文发〔2010〕25号文任命药世文为分局副局长（正科）、杨建伟为分局办公室主任（正科）、霍新生为油房站站长（正科）、申天平为石梁站站长（正科）、崔和润为北张店站站长（正科）。同时免去孙晓秀分局副局长职务、杨建伟分局办公室副主任职务、申天平北张店站站长职务、崔和润石梁站站长职务。

5月1日　分局雨量站降水自动测报改造项目安装调试全部完成。分局本次共改造雨量报汛站点66处，所有向中央、省级以上报汛站点都完成了改造，完全能满足防汛雨量测报的时效性要求。

5月2日　沁源水文站（原孔家坡水文站）业务办公楼兴建举行隆重的奠基仪式。沁源县人民政府副县长王宏斌出席并致辞，分局领导李爱民、王保云、药世文以及各测站站长等参加了奠基仪式。该站业务办公楼是因沁源县城改造而兴建的，这一项目在选址和资金补偿上得到了沁源县人民政府的有力支持。该项目的实施，不仅对该站拓展服务领域、提升测报能力有着重要意义，而且对于今后进一步探究沁河源水文与生态系统自然规律奠定了重要基础。

5月10日　省局局长宋晋华、纪检委书记王景堂在分局指导工作并与干部职工座谈，对长治分局工作给予了充分的肯定。

5月13日　分局召开了第二届工会会议暨职工大会，选举产生了新一届工会委员会。会议听取了分局第一届工会主席于焕民同志作的《工会工作报告》，李爱民局长代作的《财务工作报告》，讨论并通过了《水文住宅小区实施物业管理的方案》、《考勤制度》和《科技咨询管理办法》。会议通过无记名投票的方式，产生了由于焕民、王冬梅、杨建伟、药世文、霍新生组成的新一届工会委员会。

5月27日　分局水情会商机制正式启动并进行首次水情会商。会商小组由分局总工及水情、站网等7个部门负责人组成。水情会商是以流域空间地理信息、实时雨情、水情、气象水文数据和其他基础资料为基础，通过会议商讨的形式，进行群体决策，选出最满意的水情预报结果，对外发布和指导基层测站水情测报。

6月1日　长治分局组织在职和退休全体干部职工进行体检。体检在长治"三甲"和济医院进行，体检的项目除了常规的体检项目之外，还增加了血脂、肾功能、B超、心电图等。

6月23日　省水利厅副厅长裴群在省防办等部门负责同志陪同下在分局指导工作。厅领导一行听取了分局局长李爱民关于分局当前和汛期工作的汇报，视察了水情值班室、水情会商中心和水质分析室，观看了水情会商系统演示。

6月24日　在长治市直机关纪念建党89周年暨创先争优表彰大会上,长治水文分局党支部被授予"先进基层党组织"荣誉称号,分局局长、党支部书记李爱民被授予"先进党务工作者"荣誉称号,分局办公室主任杨建伟同志被授予"优秀共产党员"荣誉称号。

6月28日　在建党89周年到来之际,长治水文分局党支部组织全体党员和要求入党的积极分子前往平顺西沟参观学习。通过参观西沟展览馆重温入党誓词,使大家受到了一次良好革命理想教育和人生观教育。

6月29日　由局长李爱民等同志组成的4个小组,分别前往石梁、后湾水库等4个基层水文测站,协助测站测报工作。这是2010年分局为全面做好汛情测报、建立和完善突发性水事件应急处置机制、水情会商机制之后的第三项重要措施。

7月28日　长治分局党支部召开全体党员会议,动员部署创先争优活动。分局党支部书记、局长李爱民主持会议并就搞好这次活动提出意见。

8月9日　当日凌晨,武乡县东部山区一带发生暴雨洪水。据白和、蟠龙两个雨量报汛站提供的信息,当天凌晨2时至8时,两个雨量站次降水量分别为86.2毫米和74.2毫米。为全面、准确了解这次暴雨范围、洪水流量,做好这次暴雨洪水成因分析,分局于当日上午组成洪水调查小组,冒着蒙蒙细雨驱车赶往100多千米外的武乡墨镫、洪水、蟠龙一带展开调查。通过走访乡镇干部、雨量观测员和亲眼目睹洪水涨落的沿河居民,了解雨情、水情,指认洪痕,施测洪水比降、行洪断面,使调查工作取得非常满意结果。当晚10时许,应武乡县委的要求,分局将调查结果反馈给正在研究灾情的武乡县常委会议。

9月6日　在长治市农委系统召开的"学习省委书记袁纯清重要讲话研讨会"上,分局水文测报工作受到许霞副市长表扬。她说:"水利部门如何支持农业转型发展?……水文局就做得很好!他们的水雨情信息提供的非常及时,为政府防汛抗旱、'三农'建设起到了重要作用。"

10月5日　由省局副局长韩永章组成的验收小组,对分局办公楼改造和水质分析室装修进行验收。办公楼改造项目包括粉刷3~5层墙面、更换塑钢门窗、铺设室内木地板地面和楼道瓷砖地面、更换楼梯不锈钢扶手和五楼会议室等。水质分析室装修项目包括塑胶地面铺设、操作台更换等。省局验收小组通过实地察看、审阅施工资料后认为:长治分局工程招投标程序规范,施工资料完备,工程质量优良,改造项目通过验收并可投入使用。

11月7日　11月2日至6日,分局组织首批干部职工前往海南观光学习。

12月21日　省局党委书记卫平在分局检查指导工作,听取分局的工作汇报,与分局干部职工进行座谈。省局领导在分局局长李爱民陪同下,先后到后湾、石梁、油房水文站和五里后雨量站,看望、慰问基层的同志。

2011年

1月18日　长治市城区人民政府对分局市级文明单位创建活动进行了年度考核。考核组一行通过听取汇报、审阅资料和现场检查后认为,长治水文分局在文明单位创建活动中领导重视,措施得力,常抓常新,特别是在2010年创建活动中与创先争优活动及水文测报业务结合起来的做法,使创建活动很有新意和特色。

1月25日　在新春佳节来临之际,分局领导前往分局原老领导同志家中,为他们送去了组织的关爱和新春祝福。

2月22日　分局召开科级以上干部会议,全文学习中共中央、国务院《关于加快水利改革发展的决定》(即2011年中央1号文件),并决定用一周时间,结合学习贯彻中央1号文件,对分局2011年工作进行专题讨论。

3月3日　省劳动竞赛委员会为分局记集体三等功一次。

3月22日　省局发《关于任免职务通知》(晋水文发〔2011〕16号),任命王冬梅为计财科副科长、王江平为地下水科副科长、任焕莲为水质科副科长、郭宁为办公室副主任、张建安为后湾站副站长(副科、主持工作)、杨文军为北张店站副站长。

3月　《山西省水文计算手册》出版。我局李爱民为编制工作组成员;牛二伟、孙晓秀、李爱民、吴翠平、赵建伟(以姓氏笔画排序)为主要参加人员;申天平、赵静敏、霍新生为参加人员。

4月27日　分局党支部根据中共长治市直工委《关于在市直机关进一步加强党员志愿者队伍建设,引深党员志愿者活动的通知》精神,成立了以局长、党支部书记李爱民为队长的党员志愿者服务队。

5月6日　分局党支部获中共长治市直工委2006～2010年党风廉政建设先进集体荣誉。

7月20日　由分局与长治市精卫琪达科技有限公司共同开发研制的无线遥控雷达波数字化测流系统,于7月18日至20日在黄河中游吴堡水文站进行实验。实验小组在吴堡水文站的配合下进行数次实验后,一致认为该仪器测验精度高,性能稳定,操作简便,测验结果符合规范要求。

7月22日 由分局和长治市精卫琪达科技有限公司共同开发研制的流量测验计算存储器,在静乐水文站通过技术鉴定。省局领导杨致强、郭亚洁、忻州分局局长高宗强与长治分局局长李爱民等有关人员参加了鉴定。技术鉴定组通过听取了研制单位汇报、现场试验、讨论质疑后认为,该仪器技术性能稳定,操作简单,计算存储数据准确,符合《水文测验规范》的技术要求。按鉴定组意见补充完善后,该仪器可在我省水文测验中推广使用。

8月31日 国家计量认证监督评审组专家在省水文局副局长杨致强等陪同下,对我分中心的质量体系运行情况进行了全面监督评审。评审组通过听取汇报、实地检查、查阅档案、座谈提问等环节,认为长治分中心实验室环境整洁,资料档案规范,质量管理体系运行良好。

8月 《长治市山区县清泉水资源调查》成果刊印。本次调查在沁源、平顺、黎城、沁县和武乡5个县进行,对57处清泉水进行了调查。

9月27日 在重阳节即将到来之际,分局李爱民等领导同志与退休老同志进行座谈,共话水文事业发展与未来。老同志们纷纷表示,要继续关注、支持分局工作,并祝愿长治水文事业有更好更快的发展。

10月10日 分局局长李爱民、副局长王保云一行5人,前往山东聊城参加第六届晋冀鲁豫边区水文工作座谈会。

10月18日 在省局召开的全省水文宣传工作会议上,分局获2008~2011年度山西省水文宣传工作先进单位荣誉,晋义钢获山西省水文宣传工作模范个人荣誉。

10月25日 沁源县委常委、常务副县长赵永进,在分局局长李爱民、副局长药世文陪同下在沁源水文站调研。县领导一行听取了沁源水文站业务开展及技术服务等相关情况,视察了位于沁源县城新落成的沁源水文站业务办公楼,还就申报沁河上游生态水文实验站事宜和今后研究方向进行了交流和探讨。

11月17日 由长治市电视台拍摄制作的专题片——《走进水文》(上集:《水文离我们有多远》;下集:《经济社会呼唤大水文》),分别于11月10日、11日和11月16日、17日,在长治电视台新闻综合频道黄金时段连播两次。《走进水文》专题片上、下两集共计20分钟,它以电视报道特有的表现手法,全方位、多视角展示了水文工作开展的监测业务、监测手段、服务功能以及取得的社会、经济效益,充分展现了水文在经济社会建设中的地位和作用。

11月20日 分局局长李爱民参加了部水文局在南昌举办的为期一周的"全国水文局领导干部理论培训班"。

12月2日　分局为全体职工(包括退休职工)进行了体检。这次体检项目有心电图、肝功能、肾功能、血脂、血糖、B超、尿常规等十多项。

2012年

1月12日　分局举办2012年度新春团拜会,分局领导与全体干部职工以及退休老职工、职工亲属欢聚一堂,共迎新春佳节。团拜会上,局领导和干部职工及职工亲属竞先登台亮相,共表演了包括歌舞、合唱、独唱、相声以及古筝、笛子演奏等18个节目。

2月29日　分局决定举办"和谐水文"征文活动,并向各测站、科室发出征文通知。

同日,分局水文勘测工职业技能初赛结束,选拔出的赵静敏等6位同志,届时将参加全省水文系统比赛。

3月22日　分局组织在职干部职工,分两批赴广西桂林进行6天的旅游观光。

4月12日　按照省局统一安排,分局组织分局及各测站相关人员10多人进行了水质样品采集及实验室安全技术培训。省水环境监测中心派员给予了指导。

4月19日　由分局与北京美科华仪科技有限公司共同开发研制的无线遥控雷达波数字化流速系统获国家知识产权局专利。专利号为2011203837293。

4月26日　全省水环境监测中心2011年度管理评审会议在长治分局召开。省局副局长、总工程师杨致强出席会议并作重要讲话,长治分局局长李爱民致欢迎词,省局水质处处长李谦主持,各分局局长、分管副局长、水质科科长及省局水质处50余人参加了会议。

4月28日　省水文局党建工作座谈会在分局召开,省局党委书记卫平出席会议并讲话。省局机关各党支部、太原分局、阳泉分局、太谷水均衡试验场党支部20余人参加了会议。

5月4日　为增强干部职工队伍体魄,丰富干部职工文体生活,分局组织全体干部职工进行攀登老顶山竞赛活动,并在老顶山主峰合影留念。

5月14日　省局晋水发〔2012〕29号文批复:鉴于油房水文站测验河段上游约3000米修建湾则水库,于2012年4月完工,现已开始蓄水,油房水文站已无法满足其设站目的,经省局研究,同意停止油房水文站测验工作。

5月20日　分局干部职工为标准站建设竣工不久的后湾站进行绿化美化。此次集体植树活动,共为后湾站种植紫叶碧桃、冬青、黄杨、月季等树木、花卉2000余棵。

5月24日　分局党支部组织全体党员,赴文水县刘胡兰纪念馆接受教育。当日下午,分局一行与吕梁分局党支部就纯洁性教育活动进行了座谈交流。

5月25日 分局开始对办公楼二层和户外楼梯进行改造装修。改造装修的办公楼二层与2010年改造装修过的3~5层墙面、地面、门窗、楼梯的用料、外观通为一体,使分局办公环境更加整洁、舒适。

6月29日 省局局长宋晋华在长治分局指导工作。在分局5楼会议室,宋晋华局长着重讲了4点意见:一是对同志们的辛苦工作表示感谢,并通过在场的同志向坚持在基层测站的同志表示感谢。二是目前将要进入主汛期,全体干部职工一定要严守岗位,强化责任,负责到底,全力以赴做好汛情测报工作,并在水雨情测报中做到测验安全、报汛安全。三是在中小河流水文监测系统和测站标准房建设中,一要把安全放在第一位,二要保证质量,圆满完成好省局统一部署的两项重点建设项目。四是努力解决基层人员短缺问题,力争在近年内使基层人员紧缺问题有所缓解。10时许,宋晋华局长又冒雨赶往后湾水库水文站。

7月15日 199处雨量站新建(改建)项目除15套卫星雨量仪因故尚未安装外,其余全部安装完成并投入试运行。

7月23日 河北省邯郸水文水资源勘测局局长胡新锁一行抵分局考察。在分局局长李爱民的陪同下,客人考察了长治分局水情中心和水环境监测中心,观摩了无线遥控雷达波数字化测流系统演示,并与长治分局科级以上同志就分局机关机构设置、管理机制以及中小河流水文监测系统建设等方面进行了座谈交流。

7月31日 晋城、长治两市普降大到暴雨。至早8时,两市平均降水量分别为81.4毫米和33.6毫米。其中,阳城县的西冶、晋城市的城区降水量分别为219.2毫米和200.0毫米,达特大暴雨量级;武乡县的石盘、泽州县的杜河和陵川县的马圪垱降水量分别达165.2毫米、154.0毫米和148.0毫米,达大暴雨量级。分局按照应急预案启动防汛应急1级响应。早7时,派第二应急小组冒雨赶赴晋城开展相关工作。

8月3日 水环境监测分中心通过内部审核。由省水环境监测中心和太原水环境监测分中心4人组成的内审小组,通过查、看、听、问的方式进行了严格审查,内容涉及实验室质量管理体系19个要素。内审小组水环境监测分中心认为,长治分中心较好地执行"质量手册"和"程序文件",能认真贯彻落实质量方针和目标,质量体系运行持续有效,影响检测质量的因素均处于受控状态。同时,内审小组对发现的问题提出了整改意见。

9月13日 省局领导韩永章、郭亚洁带领相关人员对后湾水库水文站办公生活设施建设工程进行了竣工验收。长治分局李爱民局长参加了验收工作。

验收组严格按照水利部《水利水电建设工程验收规范》及省局《水文站办公生活设施建设项目单位工程验收办法(试行)》,通过查看工程现场、听取汇报、审查工程资料、分组讨论、集中评议,一致认为后湾水库水文站办公生活设施建设工程已按照批复完成全部建设内容,各类办公生活设施完备齐全,工程质量合格;分局工程管理"四制"规范;工作报告内容全面翔实,真实反映了工程建设情况;工程财务管理工作规范,竣工财务决算已通过审计;工程档案资料完整齐全,符合归档要求,同意通过竣工验收并交付使用。

10月18日　在重阳节即将到来之际,分局召开退休干部座谈会。分局局长李爱民向老同志通报了中小河流水文监测项目、水文站标准化建设、人才队伍建设等情况。座谈会气氛热烈,老干部们对分局近年来取得的发展深感欣慰,表示会继续关心关注水文工作,祝愿长治水文事业有更好更快的发展。

10月26日　省局在长治召开了《长治水文史略》座谈会,党委书记卫平出席并主持会议。会议邀请到的专家有:中国水文化研究会会长、水利部海河水利委员会漳卫南管理局副局长靳怀堾研究员,《海河水利》主编李红有研究员,山西水利发展研究中心主任、《山西水利》杂志主编渠性英高级编审,山西省水利厅水利管理处副处长牛娅薇高级工程师以及省局高级工程师梁述杰等。

专家听取、审阅了《长治水文史略》(初稿)后,着重就内容、体例、篇目等进行了讨论,认为《长治水文史略》选用资料丰富,历史脉络清楚,水文特色鲜明,涵盖了晋东南地区60年水文发展史,具有一定的"资政、教化、存史"价值,为长治水文分局以后进行史志和文化工作奠定了基础。鉴于体例要求,建议在内容、形式等方面进行完善后,书名改为《岁月留痕——晋东南水文60年》。专家一行还观看了电视专题片《走进水文》,考察了浊漳河源头、分局机关、石梁、后湾水文站和荫城雨量站。

10月30日　水利部公布了国家级重要水文站名录,我分局石梁、漳泽、后湾、张峰名列其中。

11月4日　江苏省无锡市水文分局党支部书记张泉荣一行30余人到分局考察交流,就水文测验、水质监测、水文信息与水文技术服务等方面工作进行了交流。

11月10日　以海委水质监测机构组成的部水文局专家组,对分局水环境监测分中心"七项制度"执行情况的监督检查。专家组一行通过现场水样采集、分析及仪器操作检测和资料审阅后认为,长治水环境监测分中心硬件设施完备,布局整洁合理,操作过程规范,安全生产管理完善,符合相关标准要求。截至目前,长治分中心及测站共有14人持有"采样人员上岗证",5人持有"水质监测人员岗位证书",7人持有"水行业内审员书",4人持有"水质监测从业人员岗位证书"。

11月21日 水利部计量认证评审专家组对分局水环境监测分中心计量认证进行复查评审。评审组通过听取分中心三年来监测工作和质量管理体系运行情况汇报,考察化验室环境、仪器设备、资料档案,抽查监测结果后认为:长治分中心硬件建设标准高,化验室布局科学合理,管理规范,监测人员尽责,质量体系运行基本符合评审准则要求,能够独立承担第三方公证性监测。

12月11日 分局根据驻街政府通知要求,开展了"送温暖、献爱心"慈善一日捐款活动。将这次活动募捐到的1400余元通过街道政府上缴市慈善组织。

12月28日 分局举办文娱活动,喜迎2013新年的到来。本次活动项目有扑克牌、跳棋竞赛等。按照活动规则,参赛者均按抽签编组,采用淘汰制角逐出各项活动的一、二、三名次。

12月29日 省局组织设计、施工、监理单位相关人员,对分局中小河流水文监测系统建设项目分部工程进行了验收。2012年分局共新建、改建雨量站199处,水位站5处。至此,分局所管辖的199处雨量站全部实现自动化测报。

12月31日 截至2012年底,分局在编干部职工共35名。

2013年

1月5日 接省局指令,分局对2012年12月31日潞安天脊煤化工集团苯胺泄漏开展应急监测。由分局抽调的10多人组成3个应急小组,第一组赶赴事故现场和污染河段,了解事态发展和处置情况;第二组整理事故河段近期水质、水量及水文特征资料;第三组收集污染事故相关报道。当日下午2时30分,将掌握的情况和收集的材料汇总后上报省局、省厅领导参阅。当晚,省局根据分局上报的情况,制定了详细的应急监测实施方案,成立了由省局、分局领导参与的指挥组、技术组、外业组、水质分析组和后勤保障组5个小组,并进一步明确了职责、任务和分工。次日,省局局长宋晋华一行8人赶赴长治,指导和增援应急监测工作。这次应急监测工作一直持续到1月20日。

1月23日 分局召开2012年度工作考核汇报会,各站站长(负责人)和各科科长对2012年度工作任务完成情况进行了汇报。根据省局年度考核要求,会议以无记名的测评方式,对各站、分局各科以及全体干部职工进行了民主测评。

3月13日　分局举办了地下水观测员培训会,30余名观测员接受了培训。培训会以多媒体形式就地下水观测意义、观测方法及记载系统地举办了讲座,并向观测员发放了由分局编印的《地下水动态观测手册》,对5名优秀观测员进行了表彰。

3月　由晋义钢同志采写的通讯《觅得清泉润三晋》和张延明同志创作的散文《我们站前的浊漳河》以及由分局推荐、郝苗生同志撰写的《虽苦犹甘,无怨无悔》、柴集善同志撰写的《永远的记忆》和邸田珠同志撰写的《我在孔家坡水文站的日子里》三篇回忆文章,入选中国水利水电出版社出版的《倾听水文·全国水文文学作品集》。其中《觅得清泉润三晋》和《我们站前的浊漳河》,曾发表在《山西日报》和《山西水利》上,其余三篇均为原创。

4月8日　根据长治市委、长治市人民政府统一部署,分局首次参加长治市定点扶贫工作。局长李爱民、副局长王江奕、石梁站站长申天平及分局晋义钢4名同志,将作为长治第25批定点扶贫工作队员,到黎城县停河铺村开展工作。

5月6日　分局全体干部职工签订了《山西省事业单位聘用合同书》。

5月21日　省局纪检委书记王景堂及基建办主任李养龙一行,在分局局长李爱民等陪同下,深入分局石梁、沁源、北张店等站,检查、指导备汛工作。

5月29日　六一儿童节前夕,局长李爱民、副局长王江奕一行,前往分局扶贫点黎城县停河铺村,为该村幼儿园的孩子们送去了节日祝福和礼物,看望、慰问了村里的特困户和五保户。

6月1日　分局住宅小区实行物业化管理。本小区自1996年1月起入住,共78户住户。

6月28日　分局组织了学习党的十八大报告和党章百题知识竞赛活动,全体党员和入党积极分子共14人参加了这一活动。

7月8日　分局邀请郝苗生、郝富仁、柴集善、武子明、罗懋绪、郭联华、张富裕资深老领导、老同志,重点对《长治水文史略》书稿中1952～1975年内容进行了座谈。

7月10日　夜间12时许,潞城市委书记唐立浩一行冒雨赶到石梁水文站,了解水情、雨情,向石梁站同志表示感谢和慰问。自7月9日18时起,石梁水文站测验河段水位开始上涨,至10日13时30涨停,测得洪峰流量205立方米/秒。

7月31日　分局组织科级以上党员领导干部参加了廉政知识考试。本次考试活动由长治市直工委统一组织,统一命题,统一阅卷。考试形式为现场发卷、开卷答题、百分制计算。考试成绩还将记入科级党员领导干部档案,并作为考核工作的重要依据。

8月20日　省局纪检书记王景堂一行,就党的群众路线教育实践活动在分局进行调研。王景堂一行以座谈会、个别谈话等形式,广泛听取基层意见和建议。

10月17日　分局召开党的群众路线教育实践活动动员大会,省局党委书记卫平出席并讲话,分局局长李爱民作安排部署。

卫平书记在讲话中指出,党的群众路线教育实践活动一要把握好活动的重点、要点,二要坚持活动的具体做法、动作,三要加强督查指导。分局局长李爱民从三个方面进行了动员部署。一是充分认识开展教育实践活动的重大意义,切实将思想和行动统一到中央的重大部署上来。二是严格按照中央部署,紧密结合分局工作实际,增强教育实践活动的针对性和实效性。三是加强领导,精心组织,确保教育实践活动有序推进。动员会结束后,参会全体干部职工对分局领导班子集体和领导成员进行了民主评议。

10月22日　在《长治日报》发表的《暴风雨中,安全"大堤"坚不可摧——我市2013防汛工作综述》一文中,多处出现"水文"字样,如"全市7条重点河流水文监测流量大大超过历年同期……"、"市水利局除承担了日常工作外,加强与气象、水文等部门的沟通协调……"等。

10月25日　省水利厅纪检组组长奥雨迎、厅机关党委副书记康先锋,在省局纪检书记王景堂、沁源县水利局局长张慧斌的陪同下在孔家坡水文站调研。奥雨迎组长一行先后在孔家坡水文站办公楼、水文站新址和原址,详细讯问了办公楼建筑面积、土地征用手续等情况,视察测验设施和观测场。

同日,晋冀鲁豫边区水文座谈会在分局召开,来自河北邯郸,河南安阳、濮阳、新乡、鹤壁和山东聊城水文分局的同人齐聚长治水文分局,就如何提高预测预报能力、提供全面优质服务、推进体制机制建设等进行了交流。

11月19日　霍新生、杨文军、王建虎、赵磊、王文浩参加了省局为期一周的中小河流水文监测系统仪器设备培训会,接受了全站仪、GPS、数字水准仪、电波流速仪、流速测算仪和激光测距仪的学习培训。

11月30日　水利部中小河流水文监测系统项目建设稽查组在省局韩永章副局长陪同下,在长治分局进行专项稽查。

稽查组一行分别听取了建设、施工、监理单位汇报,稽查了项目设计、施工、监理日志、图纸等资料以及资金管理情况,亲临项目建设现场稽查了项目建设质量。认为分局水文、水位、雨量站建设449个单元工程施工质量全部完成,施工质量合格,合格率为100%;3个分部工程已完成,其中2个分部工程施工质量已评定,均为合格;项目资金管理机构设置和人员配备满足建设资金核算管理需要,会计核算和资金使用管理基本符合规定。

截至稽查时,分局中小河流水文监测系统项目完成改建水文站1处,新建改建水位站9处,新建改建雨量站199处。

12月1日 由分局与北京美科华仪科技有限公司联合研制的无线遥控雷达波数字化测流系统,在首届国际水文监测仪器设备推介会上参展。

同日,《长治日报》在《记者走基层》专栏,刊载该报记者苏芹玲采写的《恪尽职守不怕困难,预测准确上报及时,石梁水文站六十年报汛无差错》报道。

12月12日 分局召开党的群众路线教育实践活动暨县以上党员领导干部民主生活会,省局党委书记卫平出席并讲话,分局局长兼党支部书记李爱民代表领导班子进行了对照检查,班子成员各自进行对照检查。

省局党委书记卫平讲话时认为,长治分局党支部对教育实践活动重视,目标、任务、措施都非常到位、准确,民主生活会准备充分,态度端正,问题分析认真、准确,班子成员之间相互批评真诚,整改措施切合实际,生活会整体效果很好,体现出了长治分局班子内部团结,风清气正。

12月24日 以长治市直工委副书记董启荣为组长的考核组一行,对分局2013年度党建工作进行绩效考核。考核组在听取了党支部书记、局长李爱民的《党建工作述职报告》和对党组织主要负责人进行了民主测评后,还通过查看资料方式,对党建工作计划、党组织书记履职、党费收缴等24项内容逐一进行了考核。

2014年

2月25日 分局召开群众路线教育实践活动总结会,分局党支部书记、局长李爱民进行总结,省局总工程师高宗强莅临会议督导并讲话。

3月17日 由省水利厅统一招聘的王琳、张京京、聂丹、程启亮(回族)、郭浩杞、朱亚卿、李义浩、张娇娇8名新同志正式到岗,这是继1957年省水训班结业分配到晋东南水文战线上17名同志之后增加的一支人数最多、学历较高的新生力量。

4月3日 在长治市扶贫开发暨干部下乡定点扶贫工作推进会上,分局局长李爱民获长治市2013年度领导干部下乡住村定点扶贫先进个人表彰。2013年,李爱民作为住黎城县停河铺村定点扶贫工作队队长,以个人名义资助了李思梦、李小哲两名家庭困难、品学兼优小学生。

4月8日 分局在石梁水文站举办了为期一周的水文测报业务培训班,基层测站和分局从事测编业务的近20余名中青年同志参加了培训。此次培训旨在提高基层测站、特别是近3年来新参加工作同志的水文测、算、报和水文应急监测能力以及新仪器、新设备的使用。课程设置有水位观测、流量(流速仪、浮标)施测与计算、砂样采集、全站仪和电子水准仪的操作与使用、拟报与发报等。

4月29日 分局举办了迎五四青年演讲会,分局12名青年职工参加了本次活动。演讲会辅以多媒体的形式进行,声情并茂,内容充实;演讲者仪表端庄大方,精神饱满,充分展现出了青年职工的学识、才能与特长。演讲活动按照"公平、公正、公开"的原则,组成了以局长李爱民等3人(其中特邀1名)评委组,进行了当场点评、亮分,名次以评委累加分数排定。在这次演讲活动中,程启亮的《主旋律》、王婷婷的《青春》和张京京的《追逐阳光,坚持走下去》,分别获得本次演讲活动的第一、二、三名。

5月30日 潞城水文巡测基地项目建设在石梁水文站原址破土兴建。该项目总投资600余万元,其中土建部分400余万元,由省水文局投资;过河测验设施部分200余万元,由海河水利委员会投资。该项目年内竣工并交付使用。

同日,沁源水文站(原孔家坡水文站)业务办公楼通过验收。

7月21日 省水利厅晋水人事〔2014〕309号文任命:分局局长李爱民为省水文水资源勘测局副局长。

7月30日 分局召开全体干部职工会,宣布分局局长任免事项,免去李爱民长治水文分局局长职务,任命梁存峰为长治水文分局局长。

第六章　附　表

附表一：　　　各水文站基本情况表

表1-1　　　　　　　石梁水文站基本情况表

测站沿革	本站于1952年6月3日水利部工程总局设立,同年9月26日,移交山西省水利局观测至今。1954年5月,基本水尺断面下迁280米。						
测验河段及其附近河流情况	测验河段位于石梁村东北,长邯公路铁桥下游280米,两岸为土质坡地,河底为泥沙乱石组成,冲淤变化不大,河段大体顺直,上窄下宽呈喇叭形,断面呈抛物线形,水流比较集中。基本水尺断面上游280米处是一卡口,再上100米左右是一弯道。本站上游水库众多,较大的有漳泽水库、后湾水库和关河水库。此外在干流上还有漳北区、漳南区引水灌溉工程。						
测验位置	东经113°28 北纬36°21′		控制面积		9550平方千米		
观测项目	水位、比降、流量、含沙量、蒸发量、气温、水温、天气状况等。						

基本水尺	形式和材质					位　　置	
	直立槽钢						

基本水尺	号码	测量和变动	用冻结基面表示	用绝对或假定基面表示位置		位置	引据水准点	变动原因
			高程(米)	高程(米)	基面名称			
	BM2	1954.5	901.782	901.782	假定		BM1	
	BM3	1954.4.10	906.988	906.988	假定		BM2	
	BM4	1964.5.3	903.318	903.318	假定		BM3	

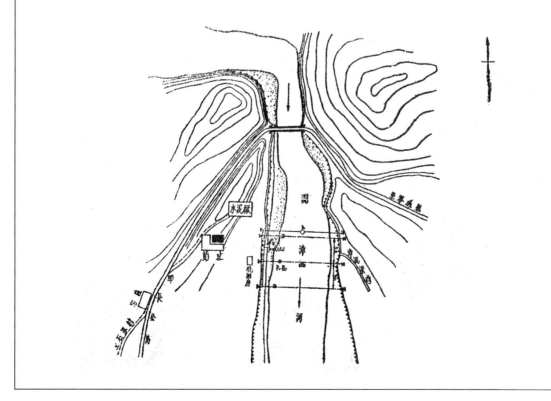

表1-2　　　　　　　　　　**漳泽水库水文站基本情况表**

测站沿革	本站于1960年5月由漳泽水库管理局设立,1962年7月改为基本站,移交山西省水文总站领导。因工程数次改建,坝下断面曾随工程改建做过多次迁移,1963年设在大坝下游2400米坡底村,1964年从坡底村又上迁至泄水渠上,其他较小迁移不一一列出。						
测验河段及其附近河流情况	坝下:测验河段尚顺直,两岸为黄土,塌岸严重,河床为黏土,有冲刷现象,基上50米有两个10～12平方米死水坑,水流至此,形成漩涡。 溢洪道:测验河段为钢筋混凝土预制板筑成,并有闸门控制,在出流河段为大弯道,1979年闸下180米筑堰,基下50米有活土堆积,因逐渐清理,影响水位～流量关系稳定。						
测验位置	东经112°55′　北纬36°08′		控制面积		3330平方千米		
观测项目	水位、比降、流量、含沙量、蒸发量、气温、水温、天气状况等。						

基本水尺	形式和材质			位　置			
	坝上:直立式　搪瓷			进水塔下游面塔壁上			
	坝下:直立式　搪瓷			泄水洞出口消力池下游260米			
	溢洪道:直立式　油漆			溢洪道闸门下游48米处			
	七一渠:直立式　搪瓷			坝下约400米渠道左岸			

基本水尺	号码	测量和变动	用冻结基面表示	用绝对或假定基面表示位置		位　置	引据水准点	变动原因
			高程(米)	高程(米)	基面名称			
	BM5	1962.6	896.199	896.199	大沽	泄水洞左侧翼墙上	BM1	

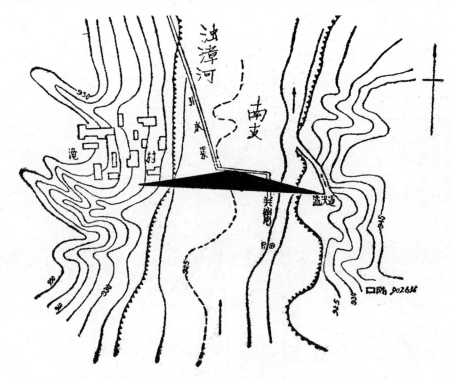

表1–3 　　　　　　　　　　　　　后湾水库水文站基本情况表

测站沿革	本站于1961年5月,由后湾水库管理局设立,1962年7月移交山西省水文总站领导。						
测验河段及其附近河流情况	渠道:测验河段顺直,断面呈梯形,两岸及渠底为水泥浆砌块石。基上110米处为大坝圆形输水洞;基下90米处为泄水闸;再下游500处,有干渠节制闸和珠沙沟泄水闸,其启闭造成变动回水,影响水位~流量关系。 溢洪道:测验河段为钢筋混凝土预制板筑成。						
测验位置	东经112°50′ 北纬36°33′		控制面积		1267平方千米		
观测项目	库区、溢洪道、渠道水位;流量、降水量、水温。						

基本水尺	形式和材质		位 置
	坝上:直立式 搪瓷		大坝左端坝坡上
	渠道:直立式 搪瓷;岸式自记		大坝输水洞消力池下游80米左岸
	溢洪道:直立式 搪瓷;倾斜式、油漆		

基本水尺	号码	测量和变动	用冻结基面表示	用绝对或假定基面表示位置		位 置	引据水准点	变动原因
			高程(米)	高程(米)	基面名称			
	BM2	1963.6.3	915.709	915.709	大沽	电站房基石东北角上	BM1	
	BM3	1963.6.3	918.861	918.861	大沽	溢洪道基上60米右岸	BM2	
	TBM3	1964.11.10	921.380	921.380	大沽	大坝左端坝坡上	BM3	

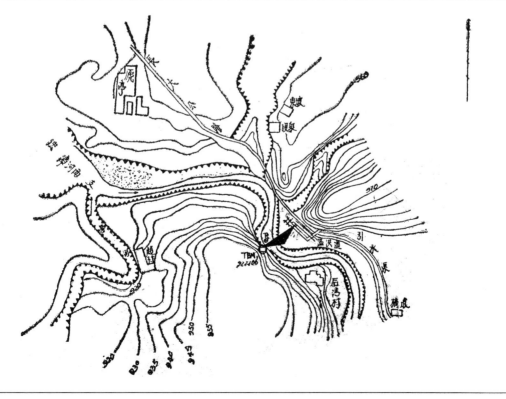

表1-4   **孔家坡水文站基本情况表**

测站沿革	本站于1958年6月1日由山西省农业建设厅水利局设立。1963年6月1日,断面下移50米,改名为孔家坡(二)站。						
测验河段及其附近河流情况	测验河段顺直,上游200米有弯道,下游200米有人行吊桥。矩形断面卵石粗沙河床,主流常靠近左岸,冲淤变化不大。						
测验位置	东经112°21′ 北纬36°31′		控制面积		1360平方千米		
观测项目	水位、地下水位、比降、流量、含沙量、水温、水质、岸上气温。						

基本水尺	形式和材质					位　置	
	直立式　槽钢						

基本水尺	号码	测量和变动	用冻结基面表示	用绝对或假定基面表示位置		位置	引据水准点	变动原因
			高程(米)	高程(米)	基面名称			
	BM	1954.5	855.051					
	BM5	1954.4.10	853.607		BM			

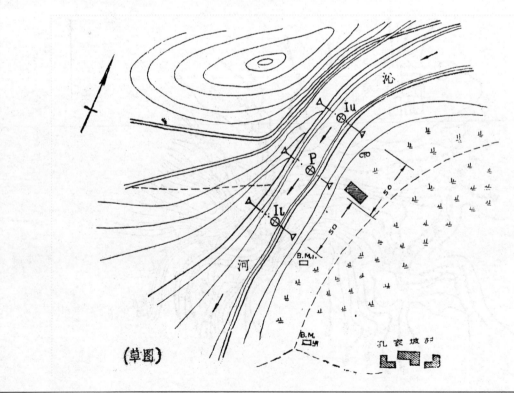

(草图)

表1-5　　　　　　　　　　　　北张店水文站基本情况表

测站沿革	本站于1958年8月由晋东南专员公署水利水保局设立。1959年6月断面下迁700米。1960年6月又下迁200米。1962年6月11日停测。1964年6月由水利电力部山西省水文总站恢复观测。						
测验河段及其附近河流情况	测验河段上游约1500米是两大支流汇合口,汇合后水流分两槽,并在基本水尺断面以上200米处汇合,在测验河段水流基本顺直。基本水尺断面下游左岸5米处有一小沟,沟长500米,附近降雨产流时只对比降下断面水位稍有影响。两岸为土质,坡度较缓,无坍塌现象。河床为泥沙砾石组成,洪水时冲淤变化较大,中低水河宽30米左右,水位至859.2米漫滩,漫滩后河宽约140米,下游12千米有屯绛水库。						
测验位置	东经112°37′　北纬36°22′			控制面积		264平方千米		
观测项目	水位、比降、流量、含沙量、蒸发量、气温、水温、天气状况等。						

基本水尺	形式和材质				位　置			
	直立式　槽钢				村公路桥上游5米			

基本水尺	号码	测量和变动	用冻结基面表示	用绝对或假定基面表示位置		位　置	引据水准点	变动原因
			高程(米)	高程(米)	基面名称			
	BM0	1960.5.7	860.000	860.000		基本水尺断面下游5米左岸公路桥墩上		
	BM2	1964.6.1	861.603	861.603		〃	BM0	

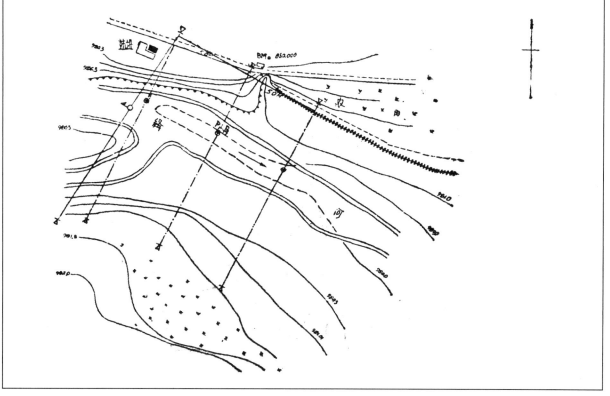

表1-6 油房水文站基本情况表

测站沿革	本站于1956年11月17日由黄河水利委员会设立,1958年6月5日停测。1963年3月1日恢复测验,并将基本水尺断面下移50米,改名为油房(二)站,同年4月,移交山西省水文总站领导。因测验断面上游1.5千米处兴建水电站,2012年5月,经省水文局批准停测。
测验河段及其附近河流情况	测验河段位于山峡地区,大致顺直,上游窄下游宽,呈喇叭口形。上比降断面上游约80米有急滩。右岸为沙土台地,左岸为卵石河滩。水位9.30米开始漫滩,最大河宽80米,其中漫滩约50米。泥沙卵石河床,洪水时冲淤变化较大。基本水尺断面下游75米处有一山洪沟,洪水暴发时有顶托作用。上游1.5千米处为磨坊渠道的引水口。

测验位置	东经112°25′ 北纬35°40′	控制面积	426平方千米

观测项目	水位、比降、流量、含沙量、水温、岸上气温等。

基本水尺	形式和材质	位 置
	直立式 搪瓷	沁水河与沁河交汇处上游约2公里油房村东南

基本水尺	号码	测量和变动	用冻结基面表示高程(米)	用绝对或假定基面表示位置		位 置	引据水准点	变动原因
				高程(米)	基面名称			
	BM	1957.4.6	21.430	21.430	假定	院内	BM1	
	BM1	1965.6.24	10.349	10.349	假定	基本水尺断面左岸上游95米岩石上	BM2	
	BM2	1965.6.24	9.515	9.515	假定	基本水尺断面左岸下游60米岩石上	BM3	

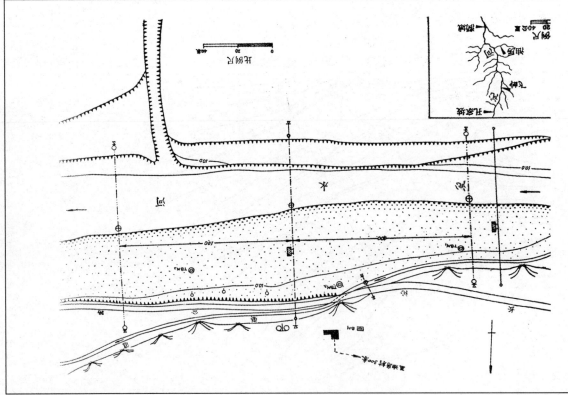

表1-7　　　　　　　　　　　　润城水文站基本情况表

测站沿革	本站于1950年7月由黄河水利委员会设为基本水文站。基本断面1950至1951年设在阳城县润城镇附近。1952年7月至1954年11月，下迁约4千米，在下河村南偏东约400米处。1954年12月1日，又将基本断面上移60米，观测至今。						
测验河段及其附近河流情况	测验河段顺直稳定，右岸为陡岸，左岸为峭壁。基本断面上游有芦苇河汇入。芦苇河汇合口以上有临时木桥一座。河床为卵石组成。基本断面下游约640米处有一急湾。						
测验位置	东经112°32′　北纬35°29′		控制面积		7273平方千米		
观测项目	水位、比降、流量、含沙量、水温、水质、岸上气温。						

基本水尺	形式和材质				位　置		
	直立式　搪瓷				水磨房上游100米基本断面右岸处		

基本水尺	号码	测量和变动	用冻结基面表示	用绝对或假定基面表示位置		位　置	引据水准点	变动原因
			高程(米)	高程(米)	基面名称			
	BM1	1952.6		420.000	假定	下河村水磨房西北角基石上		
	BM3	1957.6.13	418.513	418.513	假定	上浮标断面起点上游约2米处	BM3	
	TBM3	1957.6.25	410.006	410.006	假定	基本断面右岸	BM3	
	TBM3	1962.6.23	410.006	410.006	假定	基本断面右岸	BM3	

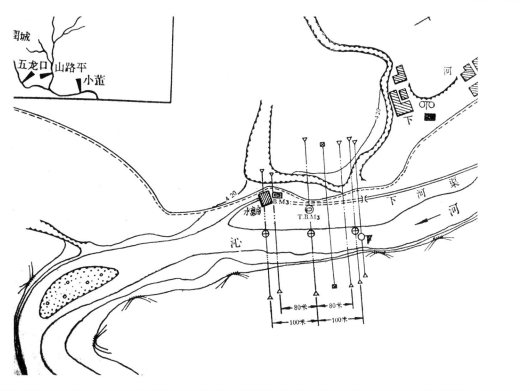

表1-8　　　　　　　　　　　　　侯壁水文站基本情况表

测站沿革	本站于1993年设立,1994年开始测验,隶属海委漳河上游管理局。
测验河段及其附近河流情况	测验河段守河槽控制,水位流量关系为单一线,测验河段顺直长度为150米,左岸为陡岸,右岸为固化河床,水位在482.00米时开始漫滩;断面上游500米处有后壁发电站,下游左岸100米和右岸200米处均有渠道引水口。

测验位置	东经113°37′　北纬36°21′	控制面积	10979平方千米

观测项目	水位、流量、降水量。

基本水尺	形式和材质				位　　置		
	直立式　槽钢						

基本水尺	号码	测量和变动	用冻结基面表示	用绝对或假定基面表示位置		位　置	引据水准点	变动原因
			高程(米)	高程(米)	基面名称			
	BM	1994	901.782	491.82	黄海			

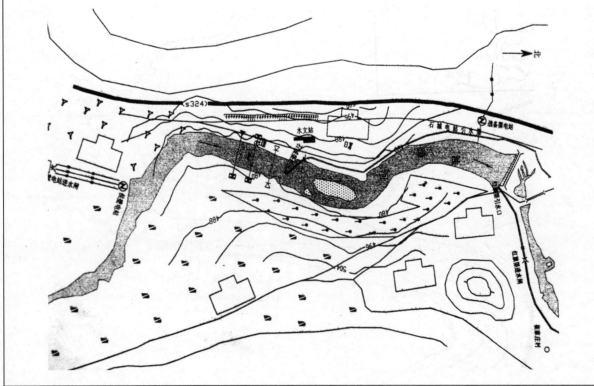

表 1-9　　　　　　　　　　　　　西邯郸水文站基本情况表

测站沿革	本站于1952年6月5日由水利部工程总局设立为汛期站,同年9月27日,移交于山西省水利局同时改为基本站。1966年12月31日,停止观测并撤站。						
测验河段及其附近河流情况	测验河段顺直,右岸为黄土坡地,左岸为高山陡崖,河底为砾石组成,冲淤变化不大。断面为复式,高水河宽90米,中水河宽在60米以下。基本水尺断面上游400米为一弯道,对水流影响不大。本站上游40千米处有关河水库,控制面积占本站控制面积的50%。						
测验位置	东经113°10′　北纬36°32′			控制面积		3550平方千米	
观测项目	水位、比降、流量、含沙量、蒸发量、气温、水温、天气状况等。						

基本水尺	形式和材质					位　置		
	直立式　木质							

基本水尺	号码	测量和变动	用冻结基面表示	用绝对或假定基面表示位置		位置	引据水准点	变动原因
			高程(米)	高程(米)	基面名称			
	BM0	1952.6.7	900.000	900.000	假定	基本水尺断面西北200米右岸大石上		
	BM1	1954.4.10	892.411	892.411	假定	基本水尺断面西北250米大石上	BM0	
	BM2	1964.5.13	892.727	892.727	假定	基本水尺断面右岸大石上	BM0	

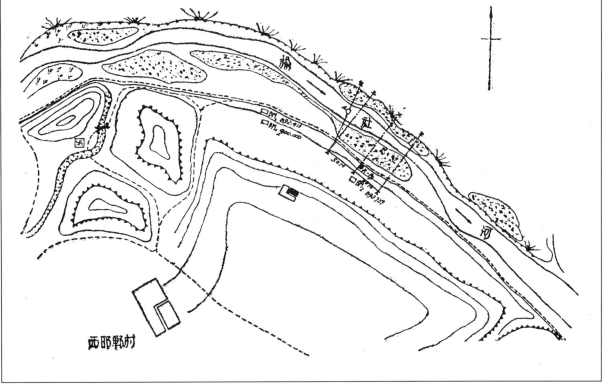

表1-10　　　　　　　　　　仓上水文站基本情况表

测站沿革	本站于1953年6月9日由山西省人民政府水利局设立,1958年6月1日撤站。						
测验河段及其附近河流情况	测流段位于仓上村东南约200米处,河段大致顺直,河床为细沙组成,变化较大,左岸是直立的土崖,略有坍塌现象,右岸为耕地,高水漫滩,基本水尺断面上游约1.5千米处,为浊漳河南、西源汇合处,下游150米低水时有分流现象。再下游600米处断面较开阔且有小山沟汇入,遇山洪暴发时有时使下降水位受到影响。						
测验位置	东经113°04′　北纬36°30′			控制面积		5190平方千米	
观测项目	水位、比降、流量、含沙量、蒸发量、气温、水温、天气状况等。						

基本水尺	形式和材质				位　　置		
	直立式　木尺				在基本水尺断面左岸		

基本水尺	号码	测量和变动	用冻结基面表示	用绝对或假定基面表示位置		位　置	引据水准点	变动原因
			高程(米)	高程(米)	基面名称			
	BM4	1958.5	853.993	21.430	假定	基本水尺断面左岸树下端木桩上	BM1	

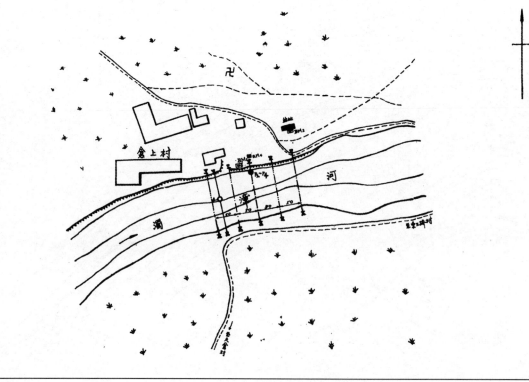

表 1-11   **黄碾水文站基本情况表**

测站沿革	本站于1954年6月1日由华北煤田地质勘测局设立,1955年4月1日撤站,1958年6月1日由山西省农业建设厅水利局恢复观测,1960年5月31日,再度撤站并迁往漳泽水库。						
测验河段及其附近河流情况	测验河段位于曲里村西约1千米处,河段约有300米较为顺直,上游有一弯道,在弯道以上距基本断面1千米处有一石孔桥;下游距基本断面150米处有一石坝,对洪水有一定顶托影响。断面大致为抛物线形,为复式河槽,断面冲淤变化无常,深槽在右岸。河床为泥沙组成,冲淤变幅在2米之多。						
测验位置	东经113°07′ 北纬36°22′		控制面积		3329平方千米		
观测项目	水位、比降、流量、含沙量、蒸发量、气温、水温、天气状况等。						

基本水尺	形式和材质				位 置		
	直立式 木质				在基本水尺断面右岸		

基本水尺	号码	测量和变动	用冻结基面表示	用绝对或假定基面表示位置		位 置	引据水准点	变动原因
			高程(米)	高程(米)	基面名称			
	BM1	1954.9.1		918.099	大沽	基本断面右岸岩石上	BM4	
		1958.5		914.434	大沽	基本断面右右岩石上		

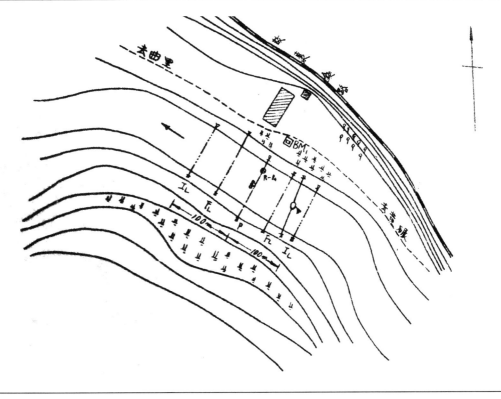

表1-12　　　　　　　　甘河水文站基本情况表

测站沿革	本站于1958年6月1日由山西省农业建设厅水利局设为流量站,1960年10月移交河南省辉县水利局接管,1961年再晋东南专署水利局回收并改为水位站,1962年7月9日撤站。					
测验河段及其附近河流情况	测验河段整齐平直,但上游有弯曲现象,没有漫滩和分流现象,下游200米处设有人行便桥。断面形状为抛物线形,冲刷变化较小,平时水位宽而浅,高水期主流为河中央。河床为卵石组成,冲淤较小,河床稳定,左岸为岩石缓壁,右岸为小块梯田。					
测验位置	东经113°29′　北纬35°34′		控制面积	355平方千米		
观测项目	水位、流量、降水量。					

基本水尺	形式和材质		位　置	
	直立式　木质		在基本水尺断面右岸	

基本水尺	号码	测量和变动	用冻结基面表示	用绝对或假定表示位置		位置	引据水准点	变动原因
			高程(米)	高程(米)	基面名称			
	BM1	1958.6.1	800.000		假定	基本水尺断面右上方20米大石上		

表 1-13   **东王内水文站基本情况表**

测站沿革	本站于1957年7月由山西省农业建设厅水利局设立,1958年7月下放晋东南专署水利局领导,1961年6月30日撤站。						
测验河段及其附近河流情况	测验河段位于东王内村的西北面,距村约500米,测验河段整齐顺直,河床为一矩形,泥沙组成,冲淤变化较大,基本断面上游100米处为一弯道,一般主流集中维低水时间偏右岸,水位达497.00米时开始有漫滩现象,漫滩后最大河宽100米。左岸为红土,右岸为黄沙组成。						

测验位置	东经112°57′ 北纬36°06′		控制面积	445平方千米	

观测项目	水位、比降、流量、含沙量、蒸发量、冰厚、气温、水温等。						

基本水尺	形式和材质		位 置	
	直立式 木质		在基本水尺断面右岸	

基本水尺	号码	测量和变动	用冻结基面表示	用绝对或假定基面表示位置		位 置	引据水准点	变动原因
			高程(米)	高程(米)	基面名称			
	PM2	1957.7	500.554		假定	右岸		
	TBM2	1957.5.31	496.944		假定	右岸		

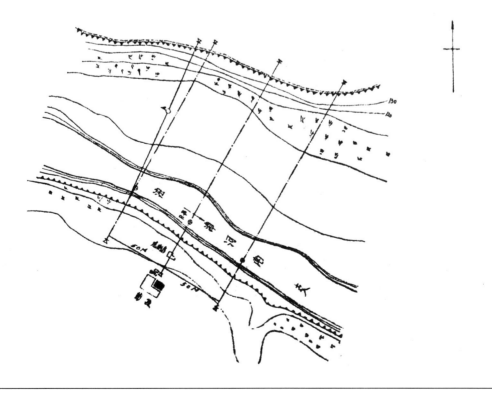

表1–14　　　　　　　　　　　　**西莲水文站基本情况表**

测站沿革	本站于1957年6月1日由山西省农业建设厅水利局设立,1958年因上游修建水库停止观测,1961年由漳泽水库管理局恢复观测,1961年10月1日撤站。						
测验河段及其附近河流情况	测验河段附近较顺直,基本断面上游约150米处,有80米长的6孔石桥比降上断面上游8米处右岸呈一小型弯道,河床为一抛物线形,两岸均为黄土丘陵,水位达12.3米时略有漫滩现象,主流一般偏于右岸,低水时流向不够稳定。河床为泥沙,但在沙层1.5米以下为石层,故冲淤变化不甚严重。						

测验位置	东经112°50′　北纬36°20′	控制面积	625平方千米

观测项目	水位、比降、流量、含沙量、蒸发量、冰厚、气温、水温等。

基本水尺	形式和材质		位　置
	直立式　木尺		村东200米公路石桥下游150米处左岸

基本水尺	号码	测量和变动	用冻结基面表示	用绝对或假定基面表示位置		位　置	引据水准点	变动原因
			高程(米)	高程(米)	基面名称			
	B.M.0	1961.5.30	13.500		假定	石桥左边第三桥墩上	BM1	

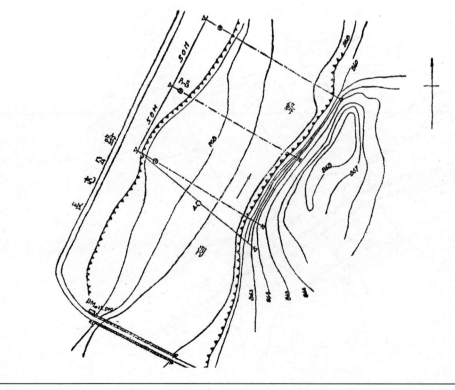

表1-15   桥坡流量站基本情况表

测站沿革	本站于1957年6月由山西省农业建设厅水利局设立,1961年4月撤站后迁至后湾。						
测验河段及其附近河流情况	测验河段较整齐顺直,位于S形之中,上下游多弯道,基本水尺断面上下游各50米处为上下比降断面,左岸为陡岸,右岸为缓坡,为一矩形断面。低水期有分流现象,经常形成两槽。河床为泥沙组成,下层约1.5米为卵石层,冲淤变化不甚严重。						
测验位置	东经112°53′　北纬36°32′			控制面积		1276平方千米	
观测项目	水位、比降、流量、降水量、水温等。						

基本水尺	形式和材质				位　置		
	直立式　木质				断面左岸		

基本水尺	号码	测量和变动	用冻结基面表示	用绝对或假定基面表示位置		位　置	引据水准点	变动原因
			高程(米)	高程(米)	基面名称			
	BM1	1957.6.23	905.493		假定	断面基线桩顶上	BM2	
	BM2	1957.6.23	905.385		假定			
	BM3	1957.6.23	905.170		假定		BM2	

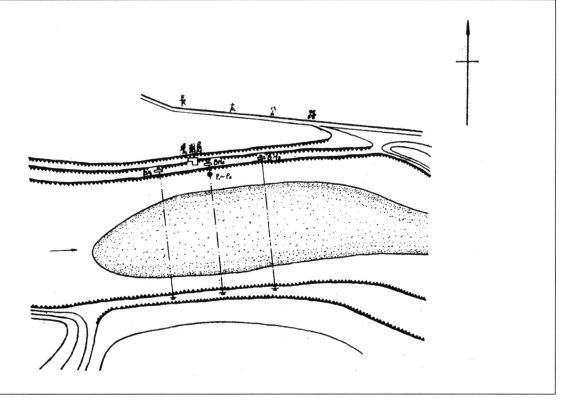

表1-16 下五井水文站基本情况表

测站沿革	本站于1958年6月1日由山西省农业建设厅水利局设为汛期流量站,1961年汛后撤站。
测验河段及其附近河流情况	测流段上游20米、下游30米处均为弯道,河床乱石林立,低水分流严重,中水合流,河段为矩形河槽,中隔小浅滩,断面起伏不平,比降较大,激流冲刷严重,河床系大小卵石组成,左岸直立,特大洪水可能塌岸,右岸为斜坡高水漫滩。

测验位置	东经113°25′ 北纬36°18′	控制面积	292平方千米

观测项目	水位、比降、流量、含沙量、蒸发量、气温、水温、天气状况等。

基本水尺	形式和材质		位 置	
	直立式 木质		在基本水尺断面右岸	

基本水尺	号码	测量和变动	用冻结基面表示	用绝对或假定基面表示位置		位 置	引据水准点	变动原因
			高程(米)	高程(米)	基面名称			
	BM0	1958.5.15	906.000		假定	右岸p上28.9米岸石上		
	BM1	1958.5.15	903.670		假定	右岸p上43.2米岸石上	BM0	

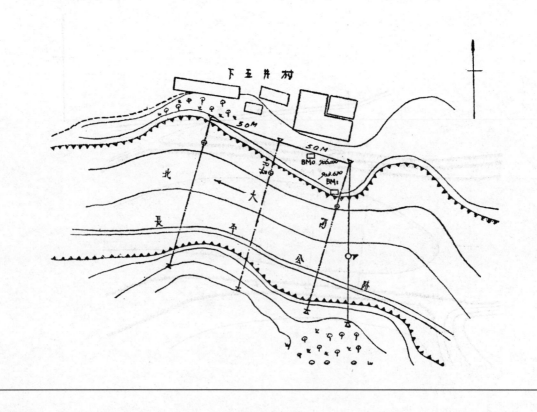

表1-17   **上秦村水文站基本情况表**

测站沿革	本站于1960年6月1日由晋东南专署水利局设立,1961年4月24日撤站。				
测验河段 及其附近 河流情况	测验河床为泥沙组成,冲淤变化较大,河段大体顺直,上下游500处均有较大弯道。两岸由黄沙壤土组成,主流靠右岸。上游有申村与陶清河两座中型水库。				
测验位置	东经113°01′ 北纬36°11′		控制面积	1313平方千米	
观测项目	水位、比降、流量、含沙量、蒸发量、冰厚、气温、水温等。				

基本水尺	形式和材质				位　　　置		
	直立式　木尺				河右岸		

基本水尺	号码	测量和 变动	用冻结 基面表示	用绝对或假定基面 表示位置		位　置	引据水 准点	变动 原因
			高程(米)	高程(米)	基面名称			
	BM1	1960.5.26	13.000		假定	中断面起点桩上		

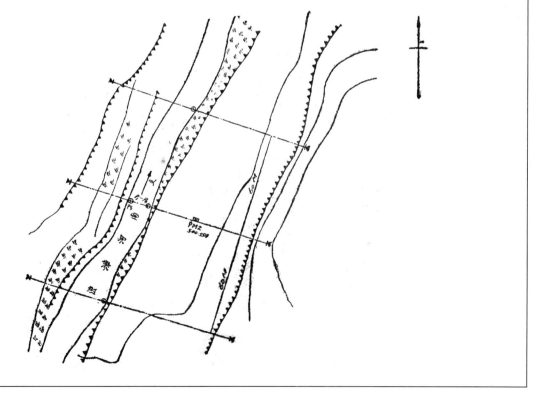

表1-18　　　　　　　　　　　　固村水文站基本情况表

测站沿革	本站1960年3月21由晋东南专署水利局设立,1962年6月1日撤站。						
测验河段及其附近河流情况	测验河段顺直,但在基本断面上下游80余米各有一个弯道,受其影响,主流往往偏向左岸。河床为泥沙组成,没有漫滩,水深在2米左右全槽有水,河面宽60余米,高水时超不过100米。						
测验位置	东经112°50′　北纬36°33′		控制面积		1267平方千米		
观测项目	水位、比降、流量、含沙量、蒸发量、气温、水温、天气状况等。						
基本水尺	形式和材质				位　　置		
	直立式　木质				郭河左岸		

基本水尺	号码	测量和变动	用冻结基面表示	用绝对或假定基面表示位置		位置	引据水准点	变动原因
			高程(米)	高程(米)	基面名称			
	BM0	1960.3.6	906.000		假定	左岸基本断面上游5米		
	BM2	1960.3.6	903.310		假定			

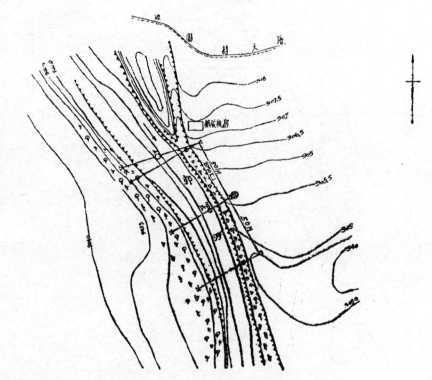

表 1-19　　　　　　　　**二神口水文站基本情况表**

测站沿革	本站于1961年6月7日由晋东南专署水利局设立并开始观测,为水库出库站。1961年12月31日,停止观测并撤站。						
测验河段及其附近河流情况	测验河段位于大坝左右溢洪道及其下游150米左右处,河道两岸均为石山,河床为泥沙,冲淤变化较大。						
测验位置	东经112°46′　北纬36°38′		控制面积				
观测项目	水位、比降、流量、含沙量、蒸发量、冰厚、气温、水温等。						

基本水尺	形式和材质			位　　置			
	直立式　木尺			二神口村东北400米左右大坝左端			

基本水尺	号码	测量和变动	用冻结基面表示	用绝对或假定基面表示位置		位 置	引据水准点	变动原因
			高程(米)	高程(米)	基面名称			
	BM18		925.696		大沽	大坝左端溢洪道出口石墩上		

表1-20　　　　　　　　　　　　　　**牛村水文站基本情况表**

测站沿革	本站于1965年6月1日由山西省水文总站设为汛期水文站,1967年汛后停测并撤站。						
测验河段及其附近河流情况	测验河段顺直,河床由泥沙和卵石组成复式断面。冲淤变化不大。两岸为土质,右岸土岸高约10米,左岸为阶梯台地并种有农作物。基本水尺断面上游约500米处及下游300处均有弯道。下游4千米处有岩石卡口。水位上升到14.0米处开始漫滩,漫滩宽约30米。断面上游有釜山、三甲、米山小型水库3座。下游有任庄中型水库一座。						
测验位置	东经112°56′　北纬35°41′		控制面积		716平方千米		
观测项目	水位、比降、流量、含沙量、蒸发量、气温、水温、天气状况等。						
基本水尺	形式和材质				位　　置		
	直立式　搪瓷				牛村以北600米		

基本水尺	号码	测量和变动	用冻结基面表示	用绝对或假定基面表示位置		位　　置	引据水准点	变动原因
			高程(米)	高程(米)	基面名称			
	BM0	1965.6.8	20.619	20.619	假定	基本水尺断面右岸基点上	BM0	
	TBM0	1965.6.8	12.684	12.684	假定	基本水尺断面右下游20米处		

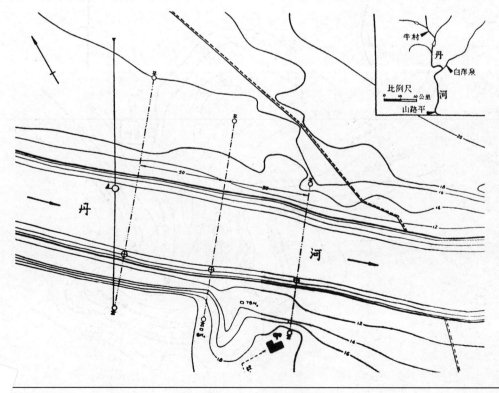

表1-21　　　　　　　　　　　　　　**涝泉流量站基本情况表**

测站沿革	本站于1956年10月3日由黄河水利委员会设立,1963年1月1日撤站。					
测验河段及其附近河流情况	测验河段位于大坝左右溢洪道及其下游150米左右处,河道两岸均为石山,河床为泥沙,冲淤变化较大。					
测验位置	东经112°28′　北纬35°24′		控制面积	448平方千米		
观测项目						
基本水尺	形式和材质			位　置		

基本水尺	号码	测量和变动	用冻结基面表示 高程(米)	用绝对或假定基面表示位置		位　置	引据水准点	变动原因
				高程(米)	基面名称			

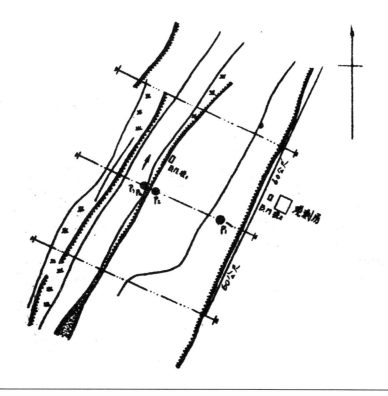

表1-22　　　　　　　　**白洋泉流量站基本情况表**

测站沿革	本站于1956年11月13黄河水利委员会设立,1962年2月21日撤站。						
测验河段及其附近河流情况							
测验位置	东经113°08′　北纬35°35′			控制面积	684平方千米		
观测项目	水位、比降、流量、含沙量、水温、岸上气温。						
基本水尺	形式和材质				位　置		
	直立式　木质						

基本水尺	号码	测量和变动	用冻结基面表示	用绝对或假定基面表示位置		位　置	引据水准点	变动原因
			高程(米)	高程(米)	基面名称			

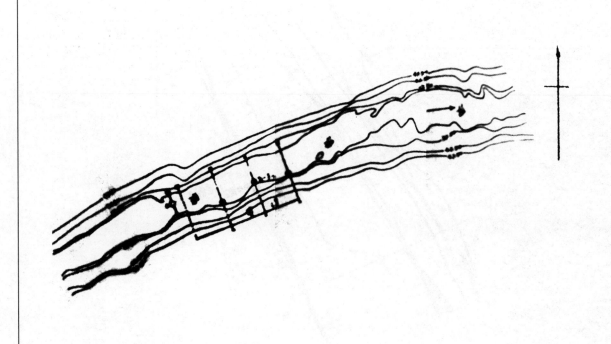

表1–23　　　　　　　　　　　　　**永和流量站基本情况表**

测站沿革	本站于1958年4月由黄河水利委员会设立,1962年3月1日撤站。						
测验河段及其附近河流情况	测验河段尚顺直,断面上下游200余米处有弯道,形成S形,断面下游300余米处右岸有支流汇入。						
测验位置	东经112°21′　北纬36°42′			控制面积	378平方千米		
观测项目	水位、比降、流量、含沙量、地下水位、水温、岸上气温。						
基本水尺	形式和材质				位　置		
	木质直接观读式				基本断面右岸		
基本水尺	号码	测量和变动	用冻结基面表示	用绝对或假定基面表示位置		位　置	引据水准点	变动原因
			高程(米)	高程(米)	基面名称			
	BM	1958.7	10.000		假定	右岸基本断面上		

附表二： 　　　　　　　　　　　　**雨量站一览表**

序号	站名	流域	河名	雨 量 站 址	观测员姓名
001	化家庄	海河	石子河	长治市城区化家庄飞路公司	侯文兵
002	长治	〃	〃	长治市城区长治兴中路	牛二伟
003	针漳	〃	陶清河	长治市城区针漳村	崔丽
004	老顶山	〃	石子河	长治市郊区老顶山老顶山村	杨林
005	漳泽水库	〃	浊漳南支	长治市郊区马厂镇临漳村	程丽萍
006	师庄	〃	师庄河	长治县八义镇八义村	
007	南呈	〃	陶清河	长治县北呈乡南呈村	冯天祥
008	韩店	〃	〃	长治县韩店镇韩店村	张晚梅
009	安城	〃	黑水河	长治县苏店镇苏店村	王明荣
010	荫城	〃	荫城河	长治县荫城镇荫城村	李树森
011	东万户	〃	岚水河	长子县鲍店镇东万户村	何长清
012	东壁	〃	雍河	长子县常张乡东壁村	郭天祥
013	西范	〃	小丹河	长子县慈林镇西范村	杜福生
014	田良	〃	〃	长子县慈林镇田良村	王志德
015	长子	〃	雍河	长子县丹朱镇乔坡底村	李双保
016	良坪	〃	浊漳南支	长子县晋义乡良坪村	花文斌
017	阳鲁	〃	浊漳南支	长子县南陈乡阳鲁村	杨旭根
018	马箭	〃	岳阳河	长子县石哲镇马箭村	杨仁珠
019	王村	黄河	王村河	长子县石哲镇王村村	张红喜
020	东大关	海河	岚水河	长子县宋村乡东大关村	王永珍
021	高平广场	黄河	丹河	高平市	李守伍
022	丹水	〃	东大河	高平市北诗镇丹水村	李志勇
023	沙壁	〃	丹河	高平市北诗镇沙壁村学校旁	李全太
024	河西	〃	〃	高平市河西镇河西供水站	杜志祯
025	牛村	〃	〃	高平市河西镇牛村村	温魁恒
026	高平	〃		高平市良种场	郭文庆
027	马村	〃	马村河	高平市马村镇马村村	郭胜利
028	下冯庄	〃	大东仓河	高平市米山镇下冯庄村	闫连顿
029	三甲	〃	东大河	高平市三甲渔场管理所	杨万顺
030	长畛	〃	小东仓河	高平市神农镇长畛村	缑秋喜

031	高平水利	〃	丹 河	高平市水利局丹河湿地	温魁恒
032	釜 山	〃	〃	高平市寺庄镇釜山灌区管理所	郭俊文
033	李家河	〃	〃	高平市寺庄镇李家河村	赵全有
034	伞 盖	〃	〃	高平市寺庄镇伞盖村	崔和润
035	杜 寨	〃	野川河	高平市野川乡野川村	连秀峰
036	东柏林	海 河	陶清河	壶关县百尺镇东柏林村	魏土胜
037	大峡谷	〃		壶关县大峡谷景区	王江平
038	塔 店	〃	郊沟河	壶关县东井岭乡塔店村	郭福生
039	西马安	〃	陶清河	壶关县东井岭乡西马安村	盖云斌
040	晋 庄	〃	石子河	壶关县晋庄镇晋庄村	郭忠孝
041	壶 关	〃	〃	壶关县龙泉镇晋大南山	张建英
042	凤凰山	黄 河	北石店河	晋城市城区北石店镇凤凰山矿	裴彩萍
043	晋 城	〃	白水河	晋城市城区水利局	张玲玲
044	书院·金匠	〃	〃	晋城市城区泽州县水利局	闫爱霞
045	钟家庄	〃	〃	晋城市城区钟家庄办事处	张跃进
046	东阳关	海 河	小东河	黎城县东阳关镇东阳关村	李彩凤
047	西 仵	〃	黎城河	黎城县黎侯镇西仵村	王彦红
048	河 南	〃	浊漳河	黎城县上遥镇河南村	杨有林
049	仟 仵	〃	南委泉河	黎城县西井镇仟仵村	李支明
050	西 井	〃	源泉河	黎城县西井镇西井村	李忠贤
051	李 庄	〃	东大河	陵川县崇文镇李庄村	李清秀
052	陵 川	黄 河	磨 河	陵川县崇文镇县水利局	魏德胜
053	猪尾村	〃	东大河	陵川县崇文镇移民新村	和四化
054	附 城	〃	东丹河	陵川县附城镇附城村	拜银民
055	丈 河	〃	〃	陵川县附城镇丈河村	秦荣法
056	东双脑	〃	香磨河	陵川县六泉乡东双脑村	何贵生
057	黄松背	〃	〃	陵川县六泉乡黄松背村	牛改花
058	上 郊	〃	〃	陵川县潞城镇后郊村	杨丽媛
059	秦家庄	〃	东大河	陵川县秦家庄乡秦家庄村	庞三狗
060	申 庄	〃	〃	陵川县杨村镇杨村村	张永生
061	辛 安	海 河	浊漳河	潞城市黄牛蹄乡辛安村	张建华
062	五里后	〃	南大河	潞城市潞华办事处	常华琴
063	石 梁	〃	浊漳河	潞城市辛安泉镇石梁村	申天平
064	北耽车	〃	〃	平顺县北耽车乡北耽车村	陈国祁
065	水 峪	〃	〃	平顺县北耽车乡水峪村	申天平

066	北 社	〃	南大河	平顺县北社乡北社村	曹起顺
067	寺 头	〃	寺头	平顺县寺头乡寺头村	靳爱民
068	龙 镇	〃	南河	平顺县龙镇镇龙镇村	郭支廷
069	平 顺	〃	平顺	平顺县青羊镇	郭江明
070	石 城	〃	浊漳河	平顺县石城镇石城村	赵建吾
071	实 会	〃	〃	平顺县实会镇实会村	赵召贤
072	西 沟	〃	南河	平顺县西沟乡西沟村	胡买松
073	南岭底	黄 河	赤石桥河	平遥县东泉镇南岭底村	李向忠
074	壁 底		山泽河	沁水县端氏镇壁底村	史培富
075	端 氏	〃	端氏	沁水县端氏镇端氏村	马接义
076	红土凹	〃	山泽河	沁水县端氏镇林村	李建军
077	曲 堤	〃	沁河	沁水县端氏镇曲堤村	王保勤
078	卫 村	〃	龙渠河	沁水县樊村乡卫村	崔之岗
079	郭家庄	〃	〃	沁水县龙渠镇青龙村	王新国
080	将 庄	〃	沁河	沁水县固县乡将庄村	常丁旺
081	上 梁	〃	南河底河	沁水县固县乡上梁村	田霓文
082	固 县	〃	固县河	沁水县固县乡固县村	王麦花
083	胡 底	〃	胡底河	沁水县胡底乡胡底村	张孝林
084	永 安	〃	永安河	沁水县嘉丰镇永安村	李富斌
085	沁 水	〃	沁水河	沁水县龙港镇水利局	赵靖俊
086	王 寨	〃	梅河	沁水县龙港镇王寨村	牛广幸
087	关 门	〃	杏河	沁水县龙港镇关门村	景克祥
088	康 平	〃	南沟河	沁水县龙港镇孔家峪村	郑锦军
089	梁 庄	〃	杏河	沁水县龙港镇梁庄村	李明哲
090	马 邑	〃	沁水河	沁水县龙港镇马邑村	赵忠菊
091	石 桥	〃	〃	沁水县龙港镇石桥村	李洪兴
092	石家山	〃	梅河	沁水县龙港镇西河村	高振林
093	南 窑	〃	十里河	沁水县十里村南窑村	
094	海 则	〃	柿庄河	沁水县柿庄镇海则村	王文平
095	柿 庄	〃	〃	沁水县柿庄镇柿庄村	王旭霞
096	下 泊	〃	下泊河	沁水县柿庄镇下泊村	田秀红
097	上杨庄	〃	杨庄河	沁水县柿庄镇下杨庄村	宋枝叶
098	大 将	〃	沁河	沁水县苏庄乡曹庄村	王跃文
099	古 堆	〃	苏庄河	沁水县苏庄乡古堆村	邢富忠
100	交 口	〃	涧河	沁水县土沃乡交口村	张日朝

101	上沃泉	〃	土沃河	沁水县土沃乡上沃泉村	郭素云
102	土　沃	〃	〃	沁水县土沃乡土沃村	李屹立
103	化　坡	〃	芦苇河	沁水县张村乡张村	王柴瑞
104	侯　节	〃	郑村河	沁水县郑村镇侯节村	侯贵东
105	油　房	〃	沁水河	沁水县郑庄镇油房村	全卫军
106	张　峰	〃	沁河	沁水县郑庄镇张峰村	霍新生
107	册　村	海　河	圪芦河	沁县册村镇册村	郭春兰
108	尧　山	〃	迎春河	沁县册村镇尧山村	李玉峰
109	次　村	〃	徐阳河	沁县次村乡次村	杨菊娥
110	沁　县	〃	西　河	沁县定昌镇	王　敏
111	元　王	〃	迎春河	沁县册村镇元王村	代东红
112	南　头	〃	浊漳西支	沁县段柳乡南头村	张建国
113	东　庄	〃	白玉河	沁县故县镇东庄村	李维波
114	故　县	〃	〃	沁县故县镇故县村	姜有泰
115	月岭山	〃	圪芦河	沁县故县镇月岭山水库	丁万高
116	小西沟	〃	白玉河	沁县南里乡张庄村	张会平
117	崔家庄	〃	庶纪河	沁县南泉乡崔家庄村	葛东升
118	里　庄	〃	〃	沁县南泉乡里庄村	王旭红
119	南　泉	〃	白玉河	沁县南泉乡南泉村	宋俊文
120	下安庄	〃	庶纪河	沁县南泉乡下安庄村	李玉山
121	杨　安	〃	杨安河	沁县杨安乡杨安村	冯　娇
122	釜子山	〃	西　河	沁县漳源镇釜子山村	郭瑞琴
123	漳　源	〃	〃	沁县漳源镇漳源村	张成岗
124	赤石桥	黄　河	赤石桥河	沁源县赤石桥乡赤石桥村	段新龙
125	小聪峪	〃	聪子峪河	沁源县聪子桥乡聪子峪村	王永贵
126	法　中	〃	法中河	沁源县法中乡法中村	胡海红
127	吴家窑	〃	青龙河	沁源县法中乡吴家窑村	岳红利
128	官　滩	〃	紫红河	沁源县官滩乡官滩村	胡云海
129	吉　庆	〃	活风河	沁源县官滩乡吉庆村	崔俊伟
130	东　村	〃	聪子峪河	沁源县郭道镇东村村	史青便
131	郭　道	〃	沁河	沁源县郭道镇郭道村	邓庆华
132	康家庄	〃	定阳河	沁源县郭道镇康家庄村	张安平
133	池　上	〃	沁　河	沁源县韩洪乡王家湾村	闫虎元
134	灵空山	〃	仁义河	沁源县韩洪乡鱼儿泉村	马建强
135	潘桃凹	〃	韩洪河	沁源县韩洪乡潘桃凹村	杨永明

136	雪 河	〃	沁 河	沁源县韩洪乡雪河村	王水明
137	白狐窑	〃	白狐窑河	沁源县交口乡白狐窑村	岳武魁
138	景 风	〃	景风河	沁源县景风乡景风村	李志琐
139	贤 友	〃	狼尾河	沁源县李元镇贤友村	刘 智
140	好 村	〃	柏子河	沁源县灵空山镇好村	申金碧
141	孔家坡	〃	沁 河	沁源县沁河镇孔家坡村	崔和润
142	王 和	〃	龙凤河	沁源县王和镇王和村	余江峰
143	花 坡	〃	沁 河	沁源县王陶乡花坡村	张晓云
144	百家滩	〃	〃	沁源县中峪乡百家滩村	马艳琴
145	南 沟	海河	岚水河	屯留县丰宜镇南沟村	常焕江
146	西丰宜	〃	〃	屯留县丰宜镇西丰宜村	张起龙
147	棘 后	〃	绛 河	屯留县河神庙乡棘后村	仝守文
148	西河北	〃	〃	屯留县河神庙乡棘后村	李春景
149	贾 村	〃	西村河	屯留县吾元镇贾村	杨 波
150	上 莲	〃	交川水河	屯留县余吾镇上莲村	姚保发
151	八 泉	〃	八泉河	屯留县张店镇八泉村	王云令
152	北张店	〃	绛 河	屯留县张店镇北张店村	杨文军
153	芳草沟	〃	八泉河	屯留县张店镇芳草沟村	刘振刚
154	郭家庄	〃	西上村河	屯留县张店镇郭家庄村	李树斌
155	南 坡	〃	八泉河	屯留县张店镇南坡村	孙江斌
156	王家湾	〃	西上村河	屯留县张店镇王家湾村	常丰学
157	吴 而	〃	庶纪河	屯留县张店镇吴而村	吴全来
158	西上村	〃	西上村河	屯留县张店镇西上村村	庞留根
159	宜 风	〃	霜泽水河	屯留县张店镇宜风村	郑爱青
160	中 村	〃	庶纪河	屯留县张店镇中村村	谭兴盛
161	河西沟	〃	大有河	武乡县大有乡河西沟村	郁国平
162	峪 口	〃	高台寺河	武乡县大有乡峪口村	杨江泓
163	石 盘	〃	云竹河	武乡县分南乡石盘村	陈保明
164	马 牧	〃	马牧河	武乡县丰州镇马牧村	郝世峰
165	关河水库	〃	浊漳北支	武乡县丰州镇县水利局	杨四清
166	富 村	〃	涅 河	武乡县丰州镇县富村村	史俊杰
167	权 店	〃	〃	武乡县权店镇权店村	李汉生
168	山 交	〃	〃	武乡县故城镇温家沟村	王月先
169	韩 北	〃	石门河	武乡县韩北乡韩北村	史亚平
170	白 和	〃	洪水河	武乡县洪水镇白和村	张继英

171	房家岭	〃	蟠龙河	武乡县洪水镇房家岭村	房忠效
172	下黄岩	〃	〃	武乡县洪水镇下黄岩村	王爱军
173	汉　广	〃	陌峪河	武乡县蟠龙镇汉广村	王红亮
174	蟠　龙	〃	洪水河	武乡县蟠龙镇蟠龙村	张全旺
175	襄　垣	〃	浊漳河	襄垣县古韩镇古韩村	牛二伟
176	闫　村	〃	淤泥河	襄垣县后堡镇闫村村	霍茂萍
177	后湾水库	〃	浊漳西支	襄垣县虒亭镇后湾村	张建安
178	史　北	〃	史水河	襄垣县王村镇史北村	李红卫
179	西邯郸	〃	〃	襄垣县下良镇西邯郸村	赵振华
180	皇　城	黄河	沁河	阳城县北留镇皇城村	裴向前
181	东　冶	〃	西冶河	阳城县东冶镇东冶村	陈青山
182	西　冶	〃	〃	阳城县东冶镇西冶村	张酒锁
183	董　封	〃	获泽河	阳城县董封乡董封村	张海霞
184	固　隆	〃	芦苇河	阳城县固隆乡固隆村	李海平
185	陈家坡	〃	木亭河	阳城县董封乡尚礼村	马米连
186	蟒　河	〃	西冶河	阳城县蟒河镇蟒河村	王建政
187	芹　池	〃	芦苇河	阳城县芹池镇芹池村	吕建新
188	上　付	〃	沁河	阳城县润城镇上付村北留水电站	于智慧
189	钓鱼台	〃	西冶河	阳城县桑林乡钓鱼台村	吴目社
190	下　黄	〃	芦苇河	泽州县町店镇下黄村	王百礼
191	河　西	〃	白水河	泽州县大其镇河西村	闫星坤
192	东　沟	〃	长河	泽州县东沟镇东沟村	张月肉
193	东　屯	〃	巴公河	泽州县高都镇东屯村	陈新太
194	任　庄	〃	〃	泽州县高都镇李庄村	李茂兵
195	下　河	〃	李寨河	泽州县李寨乡镇下河村	宋小苗
196	柳树口	〃	白洋泉河	泽州县柳树口乡柳树口村	李　军
197	张　八	〃	峪河	泽州县柳树口乡张八村	樊宝贵
198	长　河	〃	长河	泽州县下村镇水管站	牛云刚
199	山　河	〃	梨川河	泽州县山河镇富村村	米河亮
200	环欣平台				于　涛

附表三： 地下水基本监测井一览表

监测井名称	监测井位置	监测井类型	地下水埋藏条件	原井深（米）	观测员姓名
北关街	长治市城区长兴中路	重点	潜水	56.0	
原地委	长治市城区长兴南路	"	承压水	401.0	
黄南	长治市郊区黄碾镇黄南村	"	潜水	18.9	郭文东
李村	长治市郊区马厂镇李村村	普通	"	11.9	申进林
交漳	长治市郊区马厂镇交漳村	"	"	16.0	
鹿家庄	长治市郊区大辛庄乡鹿家庄村	"	"	9.2	秦永清
西长井	长治市郊区老顶山镇西长井村	"	"	90.0	晋义红
北寨	长治市郊区大辛庄乡北寨村	重点	承压水	470.0	
安居	长治市郊区黄碾镇安居村	普通	"	410.0	
西苗	长治县韩店镇西苗村	"	潜水	19.0	崔彩霞
南呈	长治县北呈乡南呈村	"	"	25.0	冯大祥
宣家坪	长子县岚水乡宣家坪村	"	"	18.0	宣圪录
宋村	长子县宋村乡宋村村	"	"	15.3	吴森林
固益	长子县大堡头镇固益村	重点	"	22.0	侯富堂
东万户	长子县鲍店镇东万户村	普通	"	12.0	何长清
南关	长子县丹朱镇南关村	"	"	40.0	李有胜
安家洼	长子县草芳镇安家洼村	"	"	22.1	安建民
路村	屯留县路村乡路村村	"	"	18.0	王连弟
驼坊	屯留县李高乡驼坊村	重点	"	15.4	李贵奇
余吾	屯留县余吾镇余吾村	普通	"	25.0	姚保福
东关	屯留县麟绛镇东关村	"	"	14.0	李春景
常金	屯留县李高乡常金村	"	"	13.6	李小明
岭上	屯留县上村乡岭上村	"	"	14.0	张福英
茶棚	屯留县西贾乡茶棚村	"	"	14.0	万贵兵
康庄	屯留县李高乡康庄村	"	承压水	450.0	穆振清
东兴旺	屯留县路村乡东兴旺村	"	"	450.0	
南关	潞城市潞华办事处南关村	"	潜水	15.0	
南天贡	潞城市翟店镇南天贡村	"	"	14.3	刘金平
赵庄	潞城市黄牛蹄乡赵庄村	"	承压水	350.0	

韩　村	潞城市店上镇韩村村	"	"	410.0	
侯家庄	潞城市潞华办事处侯家庄村	"	"	420.0	
西　流	潞城市辛安泉镇西流村	重点	"	49.0	刘福仓
北　关	襄垣县古韩镇北关村	普通	潜水	18.6	申明旺
兴　庄	襄垣县古韩镇兴庄村	"	"	20.0	
夏　店	襄垣县夏店镇夏店村	"	"	27.2	
侯　堡	襄垣县侯堡镇侯堡村	"	"	11.5	
侯　堡	襄垣县侯堡镇侯堡村	"	承压水	422.3	
张家庄	襄垣县古韩镇张家庄村	重点	"	420.0	
小堡底	襄垣县北底乡小堡底村	普通	"	400.0	
麦　仓	黎城县黎侯镇麦仓村	"	潜水	25.0	
靳　曲	黎城县上遥镇靳曲村	"	承压水	300.0	
东水洋	黎城县西仵乡东水洋村	"	"	300.0	
曹　庄	黎城县洪井乡曹庄村村	"	"	350.0	
下　湾	黎城县东阳关镇下湾村	"	"	300.0	
下　城	武乡县丰州镇下城村	"	潜水	7.8	王栓林
新　店	沁县新店乡新店村	"	"	10.8	魏海兵
后　巷	晋城城区北街办事处后巷	"	"	14.0	王新慧
北石店	晋城城区北石店办事处北石店村	"	承压水	525.9	
钟家庄	晋城城区钟家庄办事处钟家庄村	"	"	397.0	
靳　村	泽州县巴公镇靳村村	"	潜水	22.0	赵成炉
南　村	泽州县南村镇南村村	"	"	16.0	晁云山
崔　庄	泽州县金村镇崔庄村	"	"		田战兵
东　屯	泽州县高度镇东屯村	"	"	13.0	陈玉太
巴　公	泽州县巴公镇巴公村	"	承压水	425.0	张殿全
李　庄	泽州县高度镇李庄村	"	"	480.6	
司　匠	泽州县南村镇司匠村	"	"	450.0	
下　町	泽州县周村镇下町村	"	"	322.0	
东　坡	泽州县大其镇东坡村	"	"	387.0	
东　村	泽州县金村镇东村村	"	"		
伞　盖	高平市寺庄镇伞盖村	"	潜水	10.0	崔喜润
王　报	高平市寺庄镇王报村	"	"	46.0	郭福全
箭　头	高平市寺庄镇箭头村	"	"	28.0	王喜胜
仙　井	高平市河西镇仙井村	"	"	42.0	焦来通
马　村	高平市马村镇马村村	"	"	80.0	陈在平

店　上	高平市北城办事处店上村	〃	承压水	450.4	
浩　村	高平市陈区镇浩庄村	〃	〃	452.0	
康　营	高平市马村镇康营村	〃	〃	400.0	
马家沟	高平市寺庄镇马家沟村	〃	〃		
下黄岩	阳城县町店镇下黄岩村	〃	〃	734.0	
董　封	阳城县董封乡董封村	〃	〃	450.0	
南　园	阳城县凤城镇南园村	〃	〃	400.0	
石　臼	阳城县蟒河镇石臼村	〃	〃	300.5	
后　河	阳城县北留镇后河村	〃	〃	350.0	
恰　村	阳城县白桑乡恰村村	〃	〃	220.0	
新　村	阳城县演礼乡新村村	〃	〃	360.0	
土　沃	沁水县土沃乡土沃村	〃	〃	601.0	
牛家川	陵川乡礼义镇牛家川村	〃	〃	390.0	
丈　河	陵川乡附城镇丈河村	〃	〃	150.0	
椅　掌	陵川乡礼义镇椅掌村	〃	〃	416.0	

附表四： **水质监测站及断面一览表**

序号	河　名	监测站名称	监测站地址	监测河段
01	浊漳河	石梁	潞城市辛安泉镇石梁村	山交(31)石梁
02	〃	辛安泉	潞城市辛安泉镇西流村	辛安泉泉源
03	浊漳河南支	暴河头	长治郊区大辛庄镇北寨村	高村(11)暴河头
04	〃	漳泽水库	长治郊区马厂镇临漳村	漳泽水库(坝上)
05	〃	襄垣	襄垣城东新建大桥下	峦岭湾(12)襄垣
06	浊漳河北支	关河水库	武乡县丰州镇东村	石栈道(37)关河库
07	浊漳河西支	后湾水库	襄垣虒亭镇后湾村	段柳(25)后湾水库
08	绛河	东司徒	屯留县上村镇东司徒村	西莲(16)东司徒
09	浊漳河	实会	平顺县北耽车乡实会村	石梁(22)实会
10	浊漳河南支	高村	长治县郝家庄乡高村村	河源(38)高村
11	〃	黄碾	长治郊区黄碾镇	漳泽水库(10)黄碾
12	〃	峦岭湾	襄垣王桥镇五阳站西	黄碾(15)峦岭湾
13	石子河	紫坊	长治城区邱村南铁路桥下	河源(43)紫坊
14	绛河	北张店	屯留县张店镇张店村	河源(56)西莲
15	浊漳河南支	漳泽电厂	长治郊区马厂镇临漳村	
16	浊漳河西支	段柳	沁县段柳乡段柳村	河源(27)段柳
17	沁河	孔家坡	沁源县沁河镇孔家坡村	河源(69)孔家坡
18	〃	润城	阳城县润城镇下河村	郑庄(57)润城
19	沁水河	油房	沁水县镇庄镇油房	河源(45)油房
20	丹河	韩庄	高平市米山镇下韩村	河源(23)韩庄
21	〃	任庄水库	泽州县高度镇任庄村	韩庄(28)任庄水库
22	白水河	钟家庄	晋城市城区钟家庄村	河源(30)钟家庄
23	沁河	郑庄	沁水县郑庄镇郑庄村	飞岭(107)郑庄

附表五： 荣誉称号

表5-1 党务部分

荣誉或称号	授予机关或组织	授予时间
先进党支部	中共长治市直属机关工作委员会	1988.7
先进党支部	中共长治市直属机关工作委员会	1989.7
先进党支部	中共长治市直属机关工作委员会	1991.7
分站党支部先进集体	山西省水文总站党委	1994.5
先进党支部	中共长治市直属机关工作委员会	1997.6
先进党支部	中共长治市直属机关工作委员会	1999.7
先进基层党组织	中共长治市直属机关工作委员会	2001.7
党风廉政建设宣教工作先进集体	中共长治市直属机关纪律检查委员会	2006.6
先进基层党组织	中共长治市直属机关工作委员会	2006.7
2006~2007反腐倡廉先进集体	中共长治市直属机关纪律检查委员会	2008.3
先进基层党组织	中共长治市直属机关工作委员会	2008.7
先进基层党组织	中共长治市直属机关工作委员会	2010.7
2006~2010党风廉政建设先进集体	中共长治市直属机关纪律检查委员会	2011.5

表5-2 业务部分

荣誉或称号	授予机关或组织	授予时间
1980年度测编资料质量全省第一	山西省水文总站	1981.4
1982年度降水量资料整编质量优秀	山西省水文总站	1983.3
1982年地下水资料整编质量优秀	山西省水文总站	1983.5
1984年测编质量全优	山西省水文总站	1985.5
1984年水文资料测编质量优秀	山西省水文总站	1985.5
1985年度水文资料质量优秀	山西省水文总站	1986.4
1986全区水文、雨量资料质量优秀	山西省水文总站	1987.4
1987年地面水资料质量优秀	山西省水文总站	1988.5
1988年地面水资料整编质量优秀	山西省水文总站	1989.5
1988年地下水资料整编第一名	山西省水文总站	1989.5
1990年地面水测编质量优秀	山西省水文总站	1991.5
地下水资料质量评比第一名(1994~1996)	山西省水文水资源勘测局	1998.5

水质资料质量评比第一名(1995~1997)	山西省水文水资源勘测局	1998.5
地下水资料第一名	山西省水文水资源勘测局	
1998年度水文资料综合评比第二名	山西省水文水资源勘测局	1999.5
1999年度地面水资料综合评比第二名	山西省水文水资源勘测局	2000.4
1999年度地下水资料整编第二名	山西省水文水资源勘测局	2000.4
1999年度降水量资料质量评比第二名	山西省水文水资源勘测局	2000.4
2000年度地面水资料综合评比第二名	山西省水文水资源勘测局	2001.6
2000年度水文资料测编质量评比第三名	山西省水文水资源勘测局	2001.6
2000年度降水资料测编质量评比第一名	山西省水文水资源勘测局	2001.6
2001年度地面水资料综合评比第二名	山西省水文水资源勘测局	2002.6
2001年度地下监测资料综合评比第三名	山西省水文水资源勘测局	2002.6
山西省水情工作先进集体	山西省水文水资源勘测局	2003.1
2003年水情工作先进集体	山西省水文水资源勘测局	2004.1
2003年地面水资料质量综合第三名	山西省水文水资源勘测局	2004.1
2009年度地面水资料质量综合评比二等奖	山西省水文水资源勘测局	2010.4
2009年度水质资料验收第一名	山西省水文水资源勘测局	2010.5
2010年度地面水资料质量综合评比一等奖	山西省水文水资源勘测局	2011.5
2012年水质资料整编质量综合评比一等奖	山西省水文水资源勘测局	2013.4
2012年地面水资料质量综合评比二等奖	山西省水文水资源勘测局	2013.5
2012年地下监测资料综合评比第一名	山西省水文水资源勘测局	2013.5
2013年地面水资料质量综合评比一等奖	山西省水文水资源勘测局	2014.5

表5-3 综合部分

荣誉或称号	授予机关或组织	授予时间
全民文明礼貌月活动先进集体	地直单位全民文明礼貌月活动领导组	1982.4
全国水文系统先进集体	国家水利部	1983.4
1987春节文艺活动先进单位	太行东街人民政府	1984.2
会计达标工作第一名	山西省水文水资源勘测局	1991.10
赈灾捐赠活动(光荣册)	长治市人民政府	1991.11
基建资金账证表优秀奖	山西省水文总站	1993.8
长治市计划生育"三无"单位	中共长治市委、长治市人民政府	1993.9

先进集体	山西省水文水资源勘测局	1994.5
财产管理先进单位	山西省水文水资源勘测局	1995.7
预算资金账证表第三名	山西省水文水资源勘测局	1996.8
1996年先进单位	山西省水文水资源勘测局	1997.5
支农先进单位	中共长治市委、长治市人民政府	1997.2
会计达标工作评比第一名	山西省水文水资源勘测局	1997.10
支农先进单位	中共长治市委、长治市人民政府	1998.2
最佳服务机关	中共长治市直属机关工作委员会	1998.2
1997年度档案工作先进单位	长治市人民政府	1998.3
1997年度先进集体	山西省水文水资源勘测局	1998.5
财产管理先进单位	山西省水文水资源勘测局	1998.6
1998年全国报汛工作先进集体	国家防汛抗旱总指挥部办公室	1999.1
1998年度先进分局	山西省水文水资源勘测局	1999.4
支农先进单位	长治市人民政府	1999
1999年度先进分局	山西省水文水资源勘测局	2000.5
文明创建先进分局（5000奖励）	山西省水文水资源勘测局	2001.1
五星级文明单位	中共长治市城区区委长治市城区政府	2001.12
文明单位	中共长治市城区区委长治市城区政府	2002.1
文明单位	山西省水文水资源勘测局	2002.1
市级文明小区	长治市精神文明精神指导委员会	2002.3
抗击非典 奉献爱心	长治市红十字会	2003.5
2001~2003文明创建先进分局	山西省水文水资源勘测局	2004.1
2002~2003先进水文分局	山西省水文水资源勘测局	2004.1
2003年水情科突破性工作先进集体	山西省水文水资源勘测局	2004.2
全省防汛抗旱工作先进集体	山西省人民政府防汛抗旱指挥部	2005.3
长治市城区2004~2005年度文明单位	长治市城区精神文明精神指导委员会	
平安单位	中共长治市城区区委长治市城区政府	2007.6
文明单位	中共长治市委、长治市人民政府	2008.3
最佳服务机关	中共长治市直属机关工作委员会	2008.6
《对建设防止"小金库"》一文优秀奖	中央治理小金库领导组等	2010.12
2010年度全省水文先进集体	山西省水文水资源勘测局	2011.4
2008~2011全省宣传工作先进集体	山西省水文水资源勘测局	2011.10

表5-4　　　　　　　　　　　　　　其 他

荣誉或称号	授予机关或组织	授予时间
人口普查 成绩显著	北郊人口普查办公室	1982.8
"兴水杯"乒乓球女子团体第二名	长治市水务局	2008.2
"兴水杯"乒乓球男子团体第三名	长治市水务局	2008.2
第三届水利职业技能大赛优秀组织奖	省水利职业技能大赛组委会	2009.9
市农口纪念改革开放30年晚会组织奖	活动组委会	2009.2
"慈善一日捐"活动优秀组织奖	中共长治市太行东街工委	2010.10
"慈善一日捐"活动优秀组织奖	中共长治市太行东街工委	2011.10

表5-5　　　　　　　　　　　　　　资 质

资 质 名 称	授予机关或组织	授予时间
会计基础工作规范化三级单位达标	山西省财政厅	
省部级科技事业单位档案管理	山西省档案局	1979.12
国家计量认证合格单位(水质分析室)	国家技术监督局	1995.6

表5-6　　　　　　　　　　　　　石梁水文站

荣誉或称号	授予机关或组织	授予时间
1983年度先进单位	山西省水利厅	1984.4
文明单位	潞城县委、县政府	1984.12
1985年先进单位	山西省水文总站	1986.4
爱国卫生先进单位	潞城县爱国卫生运动委员会	1987.12
1988年先进集体	山西省水文总站	1989.5
全国水文系统先进水文站	中华人民共和国水利部	1990.11
1989年先进水文站	山西省水文总站	1990.5
1990年度防汛抗旱先进集体	山西省防汛抗旱指挥部	1991.5
1995年先进测站	山西省水文总站	1996.5
1997年度先进集体	山西省水文水资源勘测局	1998.1

表5-7　　　　　　　　　　　　　漳泽水文站

荣誉或称号	授予机关或组织	授予时间
1979水文测验质量第一名	山西省水文总站	1980.3

1985年先进报汛站	山西省水文总站	1986.5
1986年先进报讯站	山西省水文总站	1987.4
1996年汛期水文测报先进集体	山西省水文水资源勘测局	1996.10
1996年地面水质量测编优胜奖	山西省水文水资源勘测局	1997.5
1999年先进报汛站	山西省水文水资源勘测局	2000.5

表5-8 　　　　　　　　　　后湾水文站

荣誉或称号	授予机关或组织	授予时间
五好测站	山西省水文总站	1964.3
1983年度先进集体	山西省水利厅	1984.4
1985年度先进集体	山西省水文总站	1986.4
1986年度汛期水文测报先进集体	山西省水文总站	1986.10
1986年度先进集体	山西省水文总站、总站党委	1987.4

表5-9 　　　　　　　　　　孔家坡水文站

荣誉或称号	授予机关或组织	授予时间
1993水文测报成绩显著	山西省人民政府	1994.5
文明水文站	山西省水文水资源勘测局	2003.1
文明标准站建设二等奖	山西省水文水资源勘测局	2003.1
全国文明水文站荣誉称号	水利部水文局、精神文明指导委员	2005.3
2005年度先进单位	沁源县委、沁源县人民政府	2006.2

表5-10 　　　　　　　　　　北张店水文站

荣誉或称号	授予机关或组织	授予时间
水文资料评比优胜水文站、	山西省水文水资源勘测局	2002.4
地面水资料质量优胜奖	山西省水文水资源勘测局	2011.5
地面水资料质量综合评比优胜奖	山西省水文水资源勘测局	2013.5

表5-11 　　　　　　　　　　油房水文站

荣誉或称号	授予机关或组织	授予时间
全国水文系统先进集体奖	国家水利部	1983.3

1986年度先进报汛站	山西省水文总站	1987.4
1987年度先进测站	山西省水文总站	1988.5
1996汛期水文测报先进集体	山西省水文总站	1996.10
1998水文资料质量优胜奖	山西省水文水资源勘测局	1999.5
2000年度资料质量优胜奖	山西省水文水资源勘测局	2001.6
文明单位	沁水县委、县政府	2002.10
2004年水文资料测编质量优胜奖	山西省水文水资源勘测局	2005.6

附表六： 个人荣誉(称号)表

荣誉(称号)名称	受奖者	授予机关(团体)	授予时间(年、月)
基础研究及软科学一等奖	王保云	长治市科技局	2012.5
基础研究及软科学一等奖	王保云	长治市科技局	2006.3
基础研究及软科学二等奖	王保云	长治市科技局	2006.3
先进个人	药世文	沁源县人民政府	2006.2
优秀共产党员	王江奕	中共长治市直工委	2003.6
优秀党务工作者	王江奕	中共长治市直工委	2008.6
2006—2008年度会计标兵	王江奕	长治市财政局	2008.12
2004年度先进会计工作者	王江奕	长治市财政局	2005.12
2008年度财务经济先进个人	王江奕	省水利厅	2008.12
技术能手	牛二伟	省行业特有工种技能	2001.12
文明标准水文站创建先进个人	牛二伟	省水文局	2002.1
科技进步奖	牛二伟	长治市人民政府	2007.3
科技进步奖	牛二伟	长治市人民政府	2010.3
2010年度全省水文工作先进个人	牛二伟	省水文局	2011.4
优秀党员	牛二伟	中共长治市直工委	2012.6
山西省水利系统老干部工作先进个人	杨建伟	省水利厅	2003.12
山西省水文系统宣传工作先进个人	杨建伟	省水文局	2004.1
长治市地方志工作先进个人	杨建伟	长治市地方志编撰委会	2009.2
长治市优秀共产党员	杨建伟	中共长治市直工委	2008.7
青年文明号	杨建伟	团省委、省水利厅	2010.5
优秀共产党员	于焕民	中共长治市直工委	2001.7
先进个人	于焕民	省水文局	2000.4
2002年度水环境质量管理先进个人	于焕民	省水文局	2003.1
2003年度水环境质量管理先进个人	于焕民	省水文局	2004.1
1997年度先进工作者	崔和润	省水文局	1998.5
1999年度先进工作者	崔和润	省水文局	2000.1
2001年度先进工作者	崔和润	省水文局	2002.1
文明标准水文站创建先进个人	崔和润	省水文局	2002.1
2003年度水文业务技术考核成绩优异	崔和润	省水文局	2004.1
2003年度水文技术考核优胜奖	崔和润	省水文局	2004.2

优秀共产党员	崔和润	中共长治市直工委	2011.6
1987年度水利宣传模范通讯员	晋义钢	省水利厅	1987.12
先进工作者	晋义钢	省水文局	1996.5
优秀共产党员	晋义钢	中共长治市直工委	1997.6
水文宣传工作优秀通讯员	晋义钢	省水文局	2004.1
优秀通讯员	晋义钢	水利部水文局	2005.3
优秀党务工作者	晋义钢	中共长治市直工委	2011.6
水文宣传工作先进个人	晋义钢	省水文局	2011.10
山西省青年岗位能手	赵静敏	省劳动厅、团省委	2008.5
山西省青年岗位能手	王江平	省劳动厅、团省委	2008.5
山西省青年岗位能手	王建虎	省劳动厅、团省委	2008.5
2010年度全省水文工作先进个人	申天平	省水文局	2011.4
2001~2003年先进个人	仟焕莲	省水文局	2004.5
全省地下水机井普查先进工作者	任焕莲	省水利厅	2008.7
先进工作者	李先平	省水文总站	1994.5
先进个人	李先平	省水文总站	1996.4
先进个人	李先平	省水文局	2000.5
先进个人	李先平	省水文局	2004.5
先进个人	李先平	省水文局	2005.4
优秀共产党员	李先平	中共长治市直工委	2006.7
水利行业职业技能赛水利技术能手称号	杨文军	省水利厅	2009.12
科技进步奖	郭 宁	长治市人民政府	2006.2
地下水资源评价三等奖	秦福清	省水资委	1989.6
在水利战线工作29年荣誉	郭联华	山西省水利厅	1985.5
优秀党员干部	郭联华	中共长治市直工委	1988.7
好支书光荣称号	郭联华	中共长治市直工委	1989.7
优秀党员	郭联华	中共长治市直工委	1991.6
农村社教工作模范队员	郭联华	襄垣县委、县政府	1992.4
农村社教工作模范队员	郭联华	山西省委社教领导组	1992.5
特别贡献奖	郭联华	长治水文分局	2000.1
正规化理论教育理论学习优秀学员	申富生	中共长治市委	1990.1
劳动模范	申富生	中共长治市委、市政府	1998.4
五一劳动奖章	申富生	省农林水劳动竞赛委员会	2005.10
二等功	申富生	省劳动竞赛委员会	2005.11
长治市2005年度科技进步软科学一等奖	申富生	长治市人民政府	2006.3

长治市2005年度科技进步软科学二等奖	申富生	长治市人民政府	2006.3
长治市2006年度科技进步软科学二等奖	申富生	长治市人民政府	2007.3
优秀党务工作者	申富生	中共长治市直工委	2006.7
全省兴水战略先进个人（2007~2008）	申富生	山西省水利厅	2009.4
长治市科学技术进步应用二等奖	孙晓秀	长治市人民政府	2007.3
长治市科学技术应用研究、推广转化类二等奖	孙晓秀	长治市人民政府	2010.3
水文测报先进个人	孙晓秀	省水文总站	1996.9
全省防汛抗旱工作先进工作者	孙晓秀	省防汛抗旱指挥部	2005.3
长治市劳动模范称号	吴翠平	长治市人民政府	2010.2
全省防汛抗旱先进个人	安建民	山西省防汛抗旱指挥部	1992.12
优秀共产党员	安建民	中共长治市直工委	1999.7
2002年度水情工作先进个人	樊克胜	省水文局	2003.1

附表七： 个人发表学术论文（研究成果）表

论文（研究成果）名称	发表（出版）何刊物（出版社）	时 间	作 者
山西省地表水天然水化学分析与评价	《山西水利科技》	2004.8	李爱民（独）
山西省地表水功能区划分及其管理	《科技情报开发与经济》	2004.4	李爱民（独）
巩固计量认证成果提升水质监测能力……	《水利技术监督》	2005.10	李爱民（独）
山西水污染状况分析及水环境……	《山西水利》	2006.3	李爱民（独）
汾河临汾段水污染总量控制方案分析	《山西水利》	2007.4	李爱民（独）
永定河上游水量水质监测项目水环境……		2003.1	李爱民（合）
山西省地表水水资源质量评价		2005.4	李爱民（合）
山西省水功能区规划		2005.11	李爱民（合）
国家级实验室计量认证		2005.9	李爱民（合）
山西水文发展"十一五"规划		2005.7	李爱民（合）
太原市地表水资源质量评价报告		2005.6	李爱民（合）
山西省水功能区及行政区界水质监测……		2006.12	李爱民（合）
山西省农村饮水安全工程水质监测规划		2008.9	李爱民（合）
万家寨～汾河上游干流水资源质量……		2004.2	李爱民（合）
长治市地下水资源管理探讨	《山西水利》	2001.4	王保云（独）
长治市地下水动态分析	《山西水利科技》	1998.1	王保云（独）
长治市地下水开发利用的管理	《山西水利科技》	1999.1	王保云（独）
长治市地下水人工补给方法浅析	《山西水利》	2000.5	王保云（独）
浅析长治市采煤对水资源的影响	《山西水利》	1998.6	王保云（独）
长治盆地浅层地下水动态研究	《山西水利》	2011.11	王保云（独）
长治市河川径流量分布特征及变化……	《科技情报开发与经济》	2009.8	药世文（独）
孔家坡水文站测流方式的探讨	《科技情报开发与经济》	2009.7	药世文（独）
沁水河治理成效分析	《山西水利》	2006.4	牛二伟（独）
长治市土壤墒情预测方法探讨	《水文》专刊	2006.12	牛二伟（独）
长治市旱情监测状况及改进对策	《中国水利》	2008.9	牛二伟（独）
长治市土壤含水率旱情评定标准分析	《山西水利》	2011.11	牛二伟（独）
水文系统开展行业服务的研究	《山西水利》	2007.2	杨建伟（独）
灰色理论在干旱预测中应用	《水文》	2009.2	杨建伟（独）
晋城市地表水环境污染现状及防止对策	《山西水利科技》	2006.5	于焕民（独）
漳河上游入河排污口调查与分析	《地下水》	2005.12	于焕民（独）
长治市农村饮用水水质现状分析	《地下水》	2006.4	于焕民（独）

长治市地下水质量分析及防止对策	《地下水》	2005.10	于焕民(独)
长治市水资源评价	中国科学出版社	2006.8	于焕民(参)
长治市水环境污染调查研究		2006.3	于焕民(合)
水质分析数据合理性检验方法	《山西水利》	2006.4	李季芳(独)
漳泽水库水污染分析及防止对策	《地下水》	2005.10	李季芳(独)
长治市水环境现状分析及防止措施	《山西水利科技》	2006.2	李季芳(独)
水环境监测的质量控制和质量保证措施	《科技情报开发与经济》	2005.12	李季芳(独)
长治市水资源评价	中国科学出版社	2006.8	李季芳(参)
浅谈水资源的有效管理与合理利用	《山西水利》	1998.3	任焕莲(合)
基于残差修正的农灌需水量灰色预测	《水文》	2008.12	任焕莲(独)
基于灰色gm(1.1)模型的城市需水量…	《水利与建筑工程学报》	2007.9	任焕莲(独)
辛安泉系统岩溶地下水降水滞后补给…	《地下水》	2007.9	任焕莲(独)
晋城市地下水污染现状评价及防治对策	《山西水利科技》	2004.2	任焕莲(独)
基于dem的浊漳河南源水系研究	《太原理工大学学报》	2006.11	任焕莲(合)
辛安泉流量衰减原因浅析	《太原理工大学学报》	2006.5	任焕莲(合)
长治市水资源评价	中国科学出版社	2006.8	任焕莲(参)
浅谈水资源的有效管理与合理利用	《山西水利》	1998.3	晋义钢(合)
石灰岩山区找水技术	《中国水利报》	2006.1	晋义钢(合)
试论长治市水资源的开发与利用	《科技情报开发与经济》	2005.12	赵静敏(合)
试论长治湿地的保护和利用	《科技情报开发与经济》	2008.12	赵静敏(独)
长治市降水特征及变化趋势分析	《山西水利》	2008.2	赵静敏(独)
人类活动对石梁上游河川径流……	《山西水利》	2012.1	赵静敏(独)
长治市暴雨洪水特性分析	《山西水利科技》	2009.2	申天平(独)
透过潞城"93804"暴雨洪水看防汛	《中国农业》	2009.7	申天平(独)
2009年长治市特大旱情分析	《山西水利》	2010.8	申天平(独)
关于会计失真问题浅见	《中国会计之友》	1994.6	秦福清(独)
雷达波流速仪在中小河流测验中的……	《水利信息化》	2012.8	秦福清(独)
浅议加强党的基层组织建设	《机关党的建设初探》	1991.7	郭联华(独)
论水文数据库建设	《山西水利》	1998.6	申富生(合)
浅析长治市采煤对水资源的影响	《地下水》	1998.12	申富生(合)
长治市水资源现状及对策研究	《山西水利》	2001.8	申富生(合)
晋城境内河流污染现状分析及防止对策	《地下水》	2004.12	申富生(合)
雨量数据采集仪专用电瓶的养护	《山西水利》	2005.4	申富生(合)
山西省水资源量变化开发利用条件分析	《海河水利》	2006.1	申富生(合)
长治市水资源评价	中国科学技术出版社	2006.8	申富生(合)

浊漳河流域水土生态防治对策	《海河水利》	2007.4	申富生（独）
基于灰色gm(1.1)模型的农田灌溉…	《水资源保护》	2007.6	申富生（独）
辛安泉域岩溶水资源量评价及合理配置	《水文》	2007.6	申富生（合）
海河流域山西漳卫河湿地调查报告		2006.3	申富生（参）
旱情遥感监测的地面验证"863"计划…		2003.5	申富生（参）
全国旱情监测预报系统山西地面验……		2002.9	申富生（参）
过程降水与旱地土壤水渗透规律分析…	《河海水利》	2004.5	孙晓秀（独）
浊漳河流域洪水灾害分析及减灾……	《中国水利》	2008.13	孙晓秀（独）
长治市农村饮水安全存在问题及……	《河海水利》	2009.2	孙晓秀（独）
浊漳河流域洪水灾害孕灾环境分析…	《中国防汛抗旱》	2008.增	孙晓秀（独）
区域旱情指标评估方法研究与应用	《中国防汛抗旱》	2010.2	孙晓秀（独）
山西省建立新型水文服务体系分析…	《山西水利》	2003.6	孙晓秀（独）
生态环境治理与水资可持续利用……	《山西水利》	2004.3	孙晓秀（独）
长治市土壤墒情旱涝指标判定标准	《山西水利科技》	2005.2	孙晓秀（独）
长治市水情信息系统研究		2007.3	孙晓秀（合）
长治市灾害性洪水预测预警系统研究		2010.3	孙晓秀（合）
区域生态水文干旱指标评估方法研究			孙晓秀（合）
晋城市降水量及变化特征	《山西水利》	2006.8	吴翠平（独）
长治市降水量系列代表性及变化……	《山西水利科技》	2006.11	吴翠平（独）
长治市河川径流量衰减成因分析	《山西水利》	2006.12	吴翠平（独）
长治市水资源评价	中国科学技术出版社	2006.8	吴翠平（参）
晋城市水资源评价	中国水利电力出版社	2008.9	吴翠平（参）
山西省水资源评价	中国水利电力出版社	2005.7	吴翠平（参）
山西省水文计算手册	黄河水利出版社	2011.3	吴翠平（参）

附表八： # 行政领导名录

姓 名	职 务	任 期	机构名称	备 注
胡美珍	站 长	1952.9～1954.9	石梁水文站	
郝富仁	站 长	1954.6～1956.5	石梁中心水文站	
张恩荣	副站长	1954.6～1956.5	〃	
秦国良	指导员	1954.7～1956.5	〃	
徐根鑫	站 长	1956.5～1957.5	〃	
秦国良	指导员	1956.5～1957.8	〃	
席 英	副站长	1957.5～1958.8	〃	主持工作
秦国良	指导员	1957.5～1958.8	〃	
郝富仁	科 长	1958.8～1962.5	晋东南行署水利局水文科	
秦国良	副科长	1958.8～1962.5	〃	
郝富仁	站 长	1962.5～1964.3	晋东南专区中心水文分站	
张恩荣	副站长	1962.5～1964.3	〃	
郝富仁	站 长	1964.3～1965.9	晋东南区水文分站	
张恩荣	副站长	1964.3～1969.12	〃	
张德盛	指导员	1964.10～1969.12	〃	
张德盛	指导员	1965.5～1969.12	〃	主持工作
罗懋绪	主 任	1969.12～1978.9	晋东南水文分站革委会	
张德胜	成 员	1969.12～1971.12	〃	兼指导员
张恩荣	成 员	1969.12～1978.9	〃	兼副指导员
罗懋绪	站 长	1978.9～1982.6	晋东南区水文分站	
张恩荣	副站长	1978.9～1981.11	〃	
郭联华	主要负责人	1979.1～1982.6	〃	
郭联华	站 长	1982.6～1983.12	〃	
罗懋绪	副站长	1982.6～1983.12	〃	
霍葆贞	副站长	1982.6～1983.12	〃	
何太清	副站长	1982.6～1983.12	〃	
霍葆贞	副站长	1983.12～1989.10	〃	主持工作
郭联华	副站长	1983.12～1989.10	〃	
杨海旺	副站长	1989.10～1990.5	〃	主持工作
杨海旺	站 长	1990.5～1994.12	〃	
霍葆贞	副站长	1990.5～1991.10	〃	

郭联华	副站长	1990.5 ~ 1994.12	〃	
吕保华	副站长	1992.9 ~ 1994.12	〃	
吕保华	站　长	1994.12 ~ 1997.9	〃	
郭联华	副站长	1994.12 ~ 1996.1	〃	
申富生	副站长	1994.12 ~ 1997.9	〃	
吕保华	局　长	1997.9 ~ 2001.8	水文水资源勘测分局	
申富生	副局长	1997.9 ~ 2002.6	〃	
晋义钢	代副局长	1998.2 ~ 1999.5	〃	
申富生	局　长	2002.6 ~ 2009.4	〃	
孙晓秀	副局长	2002.7 ~ 2010.4	〃	
王保云	副局长	2002.7 ~	〃	
李爱民	局　长	2009.4 ~ 2014.7	〃	
药世文	副局长	2010.4 ~	〃	
王江奕	副局长	2012.10 ~	〃	
牛二伟	总　工	2012.10 ~	〃	
梁存峰	局　长	2014.7~	〃	

附表九：   党支部书记、委员名录

姓　名	职　务	任　期	党组织名称
罗懋绪	书　记	1971.4～1984.8	晋东南水文分站党支部
郭联华	书　记	1984.8～1990.5	晋东南水文分站支部委员会
罗懋绪	支　委	1984.8～1990.5	〃
申富生	支　委	1984.8～1990.5	〃
郭联华	书　记	1990.5～1994.12	〃
杨海旺	支　委	1990.5～1994.12	〃
晋义钢	支　委	1990.5～1994.12	〃
郭联华	书　记	1994.12～1996.5	〃
吕保华	支　委	1994.12～1996.5	〃
晋义钢	支　委	1994.12～1996.5	〃
吕保华	书　记	1996.5～2003.6	长治市水文分局党支部
申富生	支　委	1996.5～2003.6	〃
晋义钢	支　委	1996.5～2003.6	〃
申富生	书　记	2003.6～2009.7	〃
于焕民	支　委	2003.6～2009.7	〃
王江奕	支　委	2003.6～2009.7	〃
李爱民	书　记	2009.7～	〃
王江奕	支　委	2009.7～	〃
晋义钢	支　委	2009.7～	〃

附表十：　　　　各水文站历任站长（负责人）名录

年份	站 名					
	石梁	漳泽	后湾	沁源	北张店	油房
1952	胡美珍	——	——	——	——	——
1953	胡美珍	——	——	——	——	——
1954	胡美珍	——	——	——	——	——
1955	胡美珍	——	——	——	——	——
1956	胡美珍	——	——	——	——	杨风楼
1957	胡美珍	——	——	——	——	杨风楼
1958	胡美珍	——	——	王增国	杨兴斋	杨风楼
1959	胡美珍	——	——	王增国	杨兴斋	（停测）
1960	胡美珍	（水库管理）	——	王增国	罗懋绪	（停测）
1961	胡美珍	（水库管理）	郝苗生	王增国	罗懋绪	（停测）
1962	胡美珍	（分站代管）	郝苗生	邸田珠	罗懋绪	（停测）
1963	胡美珍	（分站代管）	郝苗生	邸田珠	何太清	范建新
1964	胡美珍	（分站代管）	郝苗生	邸田珠	何太清	范建新
1965	胡美珍	邓一鸣	郝苗生	邸田珠	陈照发	范建新
1966	胡美珍	邓一鸣	赵合兴	王增国	陈照发	范建新
1967	胡美珍	邓一鸣	赵合兴	王增国	陈照发	范建新
1968	胡美珍	李斌	赵合兴	王增国	陈照发	范建新
1969	胡美珍	李斌	赵合兴	王增国	陈照发	范建新
1970	胡美珍	张天保	赵合兴	王增国	陈照发	范建新
1971	张龙水	张天保	赵合兴	王增国	田希雨	范建新
1972	张龙水	张天保	赵合兴	王增国	田希雨	范建新
1973	张龙水	张天保	王祥	王增国	田希雨	范建新
1974	杨兴斋	侯二有	王祥	王增国	李进宗	范建新
1975	杨兴斋	侯二有	王祥	王增国	李进宗	陈日初
1976	杨兴斋	侯二有	王祥	王增国	李进宗	陈日初
1977	杨兴斋	侯二有	王祥	王增国	冯林芳	李进宗
1978	杨兴斋	侯二有	王祥	王增国	冯林芳	李进宗
1979	杨兴斋	侯二有	王祥	王增国	焦家全	李进宗
1980	杨兴斋	侯二有	王祥	王增国	焦家全	李进宗

1981	杨兴斋	侯二有	王 祥	王增国	焦家全	李进宗
1982	张富裕	侯二有	王 祥	王增国	申富生	李进宗
1983	张富裕	侯二有	王 祥	王增国	申富生	李进宗
1984	张富裕	张天保	王 祥	王增国	申富生	李进宗
1985	张富裕	张天保	王 祥	王增国	申富生	李进宗
1986	张富裕	张天保	王 祥	王增国	申富生	李进宗
1987	张富裕	安建民	王 祥	王增国	申富生	李进宗
1988	张富裕	安建民	王 祥	王增国	李 斌	李进宗
1989	张富裕	安建民	王 祥	王增国	李 斌	李进宗
1990	张富裕	安建民	申富生	李先平	李 斌	李进宗
1991	张富裕	安建民	申富生	李先平	崔和润	李进宗
1992	张富裕	安建民	申富生	李先平	崔和润	李进宗
1993	张富裕	安建民	申富生	李先平	崔和润	牛二伟
1994	崔和润	申富生	安建民	李先平	赵建伟	牛二伟
1995	崔和润	申富生	安建民	李先平	申天平	牛二伟
1996	崔和润	药世文	安建民	李先平	申天平	牛二伟
1997	崔和润	药世文	安建民	李先平	申天平	牛二伟
1998	崔和润	药世文	安建民	李先平	申天平	牛二伟
1999	崔和润	李先平	安建民	药世文	申天平	牛二伟
2000	崔和润	赵建伟	安建民	药世文	申天平	牛二伟
2001	崔和润	赵建伟	安建民	药世文	申天平	牛二伟
2002	崔和润	赵建伟	安建民	药世文	申天平	牛二伟
2003	崔和润	赵建伟	安建民	药世文	申天平	牛二伟
2004	崔和润	赵建伟	安建民	药世文	申天平	霍新生
2005	崔和润	赵建伟	安建民	药世文	申天平	霍新生
2006	崔和润	赵建伟	安建民	药世文	申天平	霍新生
2007	崔和润	赵建伟	张建安	药世文	申天平	霍新生
2008	崔和润	赵建伟	张建安	药世文	申天平	霍新生
2009	申天平	赵建伟	张建安	药世文	崔和润	霍新生
2010	申天平	赵建伟	张建安	药世文	崔和润	霍新生
2011	申天平	程丽萍	张建安	崔和润	杨文军	霍新生
2012	申天平	程丽萍	张建安	崔和润	杨文军	霍新生
2013	申天平	程丽萍	张建安	崔和润	杨文军	霍新生
2014	申天平	程丽萍	张建安	崔和润	杨文军	霍新生

附表十一: 曾在晋东南水文分站(长治晋城水文分局)工作过的同志名录

姓 名	性别	籍 贯	参加或调入工作时间	调出时间	调入单位
郝苗生	男	平顺实会	1952.5	1965.2	省水文局
柴集善	男	云南玉溪	1954.7	1972.5	省水文局
郝富仁	男	太原市	1953.6	1965.9	省水文局
李爱民	男	运城永济市	2009.4	2014.7	省水文局
慕亚楠	女	太原市	1972.3	1981.6	省水文局
汤贞木	男	上海市	1965.8	1982.8	省水资所
邓一鸣	男	安徽芜湖	1960	1968	忻州水文分站
邸田株	男	忻州原平	1958.2	1966.1	忻州水文分站
武子明	男	长治县沙河村	1964.5	1973.8	省农委
席 英	男	临汾尧都区	1957.6	1959.5	临汾水文分局
牛书雄	男	壶关西坡村	1957.6	1959.7	阳泉水文分局
张维礼	男	临汾尧都区	1957.6	1964.4	运城水文分局
杨海旺	男	运城盐湖区	1989.9	1994.12	运城水文分局
阴高明	男	运城芮城县	1957.6	1966.10	运城水文分局
赵合兴	男	壶关土河村	1957.6	1979.4	晋东南水利局
温志毅	男	武乡故城	1957.6	1963.6	武乡县水利局
郝 斌	男	屯留东史村	1964.5	1973.11	长治市文化馆
范建新	男	河南新郑	1956	1974.9	河南新郑水利局
杨耀芳	男	襄垣九庄	1975.9	1984.11	长治市技监局
司政明	男	高平米山	1977.9	1984.10	高平市水利局
沈伟民	男	北京市	1981.8	1991.3	北京市水科所
王秀云	女	长子石哲	1988.7	1994.12	太原水文分局
王福生	男	太原上兰村	1951.8	1963.3	太原水文分局
陆海空	男	江 苏	1957.7	1958	晋中水文分局
郝晓亭	男	平顺实会	1983.1		太原水文分局
闫思捷	女	运城盐湖区	1996.7	2000.1	临汾水文分局
吕保华	女	河南林州	1992.9	2011.8	省水利厅
孟岩鹭	女	壶关大山南村	1997.10	2005.6	漳泽水库
张继平	男	河北武安	1981.11	1988.11	河北武安
赵根先	男	襄 垣	1952		调 出

梁建民	男	襄 垣	1952		调 出
徐根鑫	男	北京市	1956	1957	调 出
郭英瑞	男	临 汾			调 出
李福阴	男	长治城区			调 出
卫景文	男	陕西渭南市			调 出
刘天意	男	潞 城			调 出
李安根	男	屯 留	1957.6	1962	调 出
任志谦	男	陕西渭南市		1962	调 出
秦国良	男	河南上蔡	1954	1962	离 职
齐荫怀	男	河 北		1962	离 职
黄秋生	男	河 北		1962	离 职
杨松斗	男	壶 关	1957.6	1962	离 职
杨秋景	男	长治郊区	1957.6	1962	离 职
韩海龙	男	壶 关		1962	离 职
曹玉兔	男	左权下交漳		1962	离 职
赵秋生	男	襄垣夏店		1962	离 职
张贵生	男	襄 垣		1962	离 职
闫立根	男	吕梁文水		1962	离 职
马成先	男	襄 垣		1962	离 职
牛广成	男	平顺石城		1962	离 职
张和平	男	平顺辛安		1962	离 职
李光亮	男	临汾洪洞县		1962	离 职
李秀元	男	晋中榆次区		1962	离 职
王云新	男	长治城区		1962	离 职
杨永喜	男	黎城上遥		1962	离 职
王志顺	男	潞城辛安		1962	离 职
昝金满	男	陕 西	1958	1962	离 职
昝优林	男	陕 西	1958	1962	离 职

后 记

在2013年的金秋十月,《岁月留痕——晋东南水文60年》终于脱稿了,这是一份沉甸甸的收获。书稿分别呈送省水文水资源勘测局主要领导审阅,经再次修改后,于2014年6月敲定。在即将付印之际,略赘数言,述其梗概。

三年多前,在刚接受下编写这一书稿任务时,从哪方面着手搜集整理素材?要编成一部什么体例的书稿?心里确实没底。但作为编者,必须有一个明确的指导思想、基本框架和要遵循的基本原则。经考虑,在动笔之前确立了这么几点:一是在资料引用上确保客观、真实、准确;二是要融资料性、专业性和可读性为一体;三是要以还原晋东南水文60年历史为目的。按照上述思路,编者以分局档案室现存档案为主要内容,开始了编写工作。2012年10月拿出初稿后,以省水文水资源勘测局名义,邀请中国水文化研究会会长靳怀堾、《海河水利》主编李红有、《山西水利》主编渠性英、省水利厅水利管理处高级工程师牛娅薇以及省水文水资源勘测局信息中心主任梁述杰五位学者、专家,就书稿的体例、篇目、内容设置等主要问题进行了座谈、研讨,为书稿把关、定调。

为补充、完善书稿内容,编者前往长治市档案局、省水文局资料档案室、各基层测站搜集资料,同时怀揣初稿,拜访了十多位已退休的老领导、老同志和调离水文部门的老同志,向他们征求意见,核实相关内容。2013年7月,编委会邀请分站原老领导、资深老工程师郝富仁、郝苗生、柴集善、郭联华、武子明等同志进行座谈,着重围绕1952~1975年间的有关问题进行了讨论、核实。

编写《岁月留痕——晋东南水文60年》是一项抢救性工程。一是因为分局机关地址几度变易、档案疏于管理而导致的资料缺失,已造成不可弥补的缺憾,另外还有一个更重要原因,就是20世纪50年代从事晋东南水文工作的老同志,有的已调往别的地区或部门再无联系,有的离职还乡后杳无音讯,有的进入耄耋之年丧失记忆,还有十几位老同志先后谢世,如不对这段历史进行抢救性的修编,那就是愧对历史,愧对事业,所以说该书稿的编写,功在当代,利在后人,是对历史的负责,对事业的敬重。令编者感到欣慰的是,在本书稿的编写过程中,得到了分局领导、特别是局长李爱民同志的高度重视与大力支持,得到了分局有关部门的热忱协助和撰写文章同志的积极配合,在这里一并表示深深谢意!

在这里需要说明的是:一、因搜集、查找、核实等方面的原因,本书稿中"个人荣誉称号表"和"个人发表学术论文(科研成果)表"两个附表,未将早年退休或调离本单位老同志的个人信息编入。二、本书稿采用的图片,有很大一部分是搜集而来,而提供图片者又对拍摄者不详,故所选用图片概无署名。三、参照修编志书"独立成篇"、"纵不断线"、"详略相宜"的原则,使某些事件或内容在书稿中会二次甚至多次出现,而又不可割舍。四、本书稿部分内容编至2014年7月。

毋庸讳言,因编者水平和能力所限,恐怕在资料引用上甄别欠准、取舍上把握欠妥,使书稿的缺陷在所难免,望读后不吝指出,以便今后修编时补充和完善。

编　者

图书在版编目（ＣＩＰ）数据

岁月留痕：晋东南水文 60 年 / 李爱民，晋义钢主编.
-- 太原 ：山西人民出版社，2014.9
　ISBN　978-7-203-08635-2

　Ⅰ. ①岁… 　Ⅱ. ①李…②晋… 　Ⅲ. ①水文工作—山
西省②水文资料—汇编—山西省 　Ⅳ. ① P337.225

中国版本图书馆CIP数据核字（2014）第207152号

岁月留痕：晋东南水文 60 年

主　　编：	李爱民　　　晋义钢
责任编辑：	赵虹霞　　　魏　红
助理编辑：	张志杰
装帧设计：	孔　珊
出 版 者：	山西出版传媒集团·山西人民出版社
地　　址：	太原市建设南路 21 号
邮　　编：	030012
发行营销：	0351-4922220　4955996　4956039
	0351-4922127（传真）　　4956038（邮购）
E-mail：	sxskcb@163.com　发行部
	sxskcb@126.com　总编室
网　　址：	www.sxskcb.com
经 销 者：	山西出版传媒集团·山西人民出版社
承 印 厂：	长治市印美新浪印业有限公司
开　　本：	889mm × 1194mm　1/16
印　　张：	14.5
字　　数：	276 千字
印　　数：	1-800 册
版　　次：	2014 年 9 月　第 1 版
印　　次：	2014 年 9 月　第 1 次印刷
书　　号：	ISBN 978-7-203-08635-2
定　　价：	66.00 元

如有印装质量问题请与本社联系调换

图书在版编目（CIP）数据

ISBN 978-7-203-08635-2

山西出版传媒集团·山西人民出版社出版发行